大是文化

한 장 보고서의 정석

最強的一頁報告

道寫作技巧而加班苦思？
你寫的入門書，
、LG、樂天企業都採用。

累積銷量突破10萬冊
韓國最強一頁報告書企劃女王

朴信榮——著
賴毓棻——譯

CONTENTS

第三章 八類型報告書，立刻與同事拉開差距 95

第四章

文字不能只有簡潔，要有忍不住讀下去的魅力 257

推薦序

在對方分心之前，用一頁報告切入重點

職人簡報與商業思維專家／劉奕酉

人的專注力有限，只要你的內容不夠吸引對方，他的注意力很快就會轉移到其他地方，畢竟，手機中的資訊比較有趣、也重要多了，對吧？

只要是與自己無關的東西，大多數人都不感興趣，特別是商務人士與高階主管，每天面對各種繁雜資訊，如果你在報告時，無法立即切入重點、說出對方想聽的話，就無法引起對方的關注，自然也不會想聽你再說下去。

「在對方分心之前，就切入重點。」這是我會對職場工作者，提出的第一項建議。但是，要如何在最短的時間內，抓住對方的注意力呢？答案就是——寫出一頁報告。只要寫出一頁報告，你就能講完你要講的重點，又讓對方讀得開心。

許多工作者都知道：「只要做出好報告，對方自然就願意聽。」但是，什麼樣的報告，才能被稱為好報告？

容易理解的架構、用目次回答對方的提問，並根據對方重視的方向來撰寫，作者在書中，點明做出好報告的三大關鍵，也給出具體的做法與案例解析，我覺得這就是本書最棒的部分。

但你可能不知道的是，做出好報告是應該的，這只是讓你及格而已，能不能讓對方聽你說完，並點頭認同，才是致勝關鍵。

職場上經驗老到的報告好手，都懂得如何在開場的前三分鐘，就把話說清楚、講明白，成功吸引對方的注意力。而這些報告好手，憑藉的就是一頁報告的功力。

「花了好幾天準備的報告，結果因為這三分鐘而功虧一簣，豈不是很可惜？」

對於閱讀的人來說，一頁報告的目的，在於幫助他們得到「下一步該怎麼做」這個關鍵訊息；所以，我們要做的，就是把這個關鍵訊息，用容易理解、方便記憶的方式，精準的傳達給對方。

看到這裡，你可能會問：那我要怎麼提煉出核心重點？要如何鋪陳架構內容？別擔心，作者在書中提供三種提問技巧、八種報告結構，讓你掌握每份一頁報告必備的核心重點，以及鋪陳報告內容不能少的技術，用一張紙，就完成主管想看的報告。

「每份報告書的解答，永遠都在對方身上。」我特別喜歡作者最後提到的這句話。在大部分人因為3C產品而缺乏專注力的高科技時代，一頁報告無疑是抓住注意力的最強武器。只要掌握一頁報告書的撰寫技巧，你就能順利完成業務，工作變得更輕鬆！

前言
不想被人看輕，一定要學好報告能力

長達幾十頁的報告書，對於寫報告和看報告的人而言，都非常耗費心神，因此，**有越來越多的公司都對員工提出這樣的要求：「請把報告書的長度縮減成一頁！」**看報告的人可能會想：「這麼多頁，要什麼時候才看得完？」而寫報告的人則心想：「這麼多頁，要什麼時候才寫得完？」

彼此都為了報告書而感到忿忿不平，於是雙方一起齊心大喊：

「我們濃縮成一頁吧！」

「好啊！」

接著，兩人便坐在書桌前苦惱。

「要怎麼寫？」

「該從哪裡下筆才好？」

這是個令人困擾的問題，我想和大家分享該如何掌握「一頁報告書」（One Page Report，簡稱OPR）中的核心內容、制定架構、撰寫等方法，所以寫下了這本書。

對以下三種類型的人來說，本書非常實用：

1. 首次撰寫一頁報告書。

剛開始什麼都不懂是理所當然的，但是，也不會有人因為你不懂，就主動替你整理出重點並一步步指導你。

對於那些已經會寫一頁報告書的人來說，這件事是每個人都應該知道的原則一樣；但對於不會寫的人來說，這是一件必須花上許多時間了解、不懂的話會讓人生非常疲憊的難事。若你在這種時候，有過「要是有人能幫我整理一下就好了……」的想法，那對你來說，這本書是一本非常實用的報告寫作入門書。

2. 忙著研究自己的專業領域，顧不上溝通傳達技巧。

我在課堂上常常見到這種人：比我聰明、讀了更多書，在各自的領域上也有非常出色的專業度，卻因為過度投入於該領域的研究，而沒有機會好好磨練傳達訊息時一定會用到的寫作和架構能力。

對這些人來說，這是一本能幫助他們將深藏於腦中的專業知識，好好傳達出去的摘要入門書。

3. 能跳出來說：「就照這樣統一吧！」（決策者、領導人）。

我是A風格、你是B風格、他是C風格……即使報告書的格式、分量、架構風格都有所差異，但怎麼會如此不同？尤其近年來換工作的人變多了，每間公司的報告形式又不同，所以文件格式上的混亂，也變得更加嚴重。

如果能有人跳出來歸納格式，表示：「別再這樣下去了，大家就照這個方式統一，把浪費在思考格式的時間，拿去煩惱內容吧！」那做起事來也會方便許多。雖然適應歸納過的格式得花上一段時間，但比起因為沒有統一，反而造成一堆誤會，花上的時間肯定少上許多。

舉例來說，日本豐田汽車公司（Toyota）擁有超過三十萬名員工，而他們都以同樣的一頁報告格式撰寫報告書（會依種類不同，稍作變化後再使用）。甚至還有傳聞說，只要在開會時帶上一頁報告書，就能在三秒內做出決策。

當然，三秒可能有點誇張，但這也代表，只寫上核心重點的一頁報告書，有助於在短時間內做出決策。據說，豐田的新進員工都得學會如何撰寫一頁報告書，而且每次升遷，就要再重新學習一次。就這點看來，說豐田員工和一頁報告書已經合為一體，也不為過。

如果有決策者，想要提升整個團隊或公司的效率，這本書將是非常實用的報告入門書，閱讀完之後，你就能高喊：「我們就這樣（根據各種情況）統一吧！」讓部屬不再花費時間，在不必要的事情上。

報告有那麼重要嗎？

工作上最令人感到委屈的事情之一，就是明明你和另一位同事的想法很相似，他卻因為比你更會報告，而得到更高的評價。

所以，偶爾也會想要說出這種話，貶低對方的能力：「他啊……就只是比較會包裝而已。」

然而，報告其實非常重要，並不是以「會包裝」三個字就可以武斷否定的能力，請看下列三項原因：

1. 語言。

報告等同一間公司的語言。語言有多重要？簡單來說，如果我不會說法語，自然就無法在法國與法國人共事。也就是說，語言不通的人，不管再怎麼優秀，也難以在工作上獲得好評，甚至可能無法順利執行業務。

無論是再怎麼聰明的人，如果無法使用公司語言將自己的想法資料化，或是不具

備有效的傳達能力，那麼，他的工作能力自然也會被看輕。如果不想因為被看扁而感到委屈，你一定要學好報告能力。

2. 基礎。

報告能力是執行其他業務的基礎，也就是說，會報告的人，還能拓展其他方面的能力，所以非常重要。所謂**報告能力，指的是將想法和資訊與他人共享的能力**，因此不僅會影響整體工作上的文件製作，還會**延伸到開會、口頭報告、在會議中發言、共用電子信件、交談，甚至是指導部屬的能力**。

此外，如果你的報告無法順利傳達訊息，造成的損害通常肯定很嚴重，尤其，隨著職位上升，你的發言也會變得更有重量，所以在傳達、共享與接收資訊等方面肯定要加強訓練。

3. 評價。

報告能力也會影響他人對你的評價。一般來說，在公司會遇到這兩種困擾：

圖表 0-1　會報告更能得到好評價

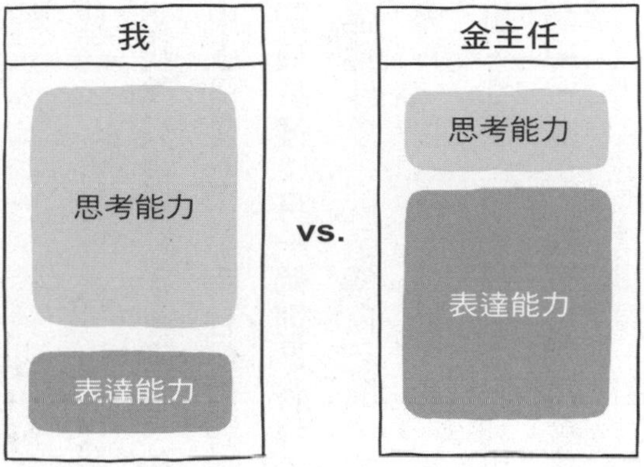

情感上的困擾：「啊，那個人讓我做不下去了。」

工作上的困擾：「啊，這件事讓我做不下去了。」

如果人類是機器，就能明確區分這兩種困擾，但在現實中並非如此，工作上的困擾經常演變成情感上的困擾。也就是說，擅長報告的人，會得到「金主任辦事好俐落，真讓人開心」、「金主任的中間報告做得很好，也很尊重人，他真有禮貌」、「金主任和我好像很談得來」等好評。

然而，若報告不夠明確，就算你只是說話方式不太一樣，也很容易被當成不怎麼樣、話不投機、讓人鬱悶的人。這不是很冤枉嗎？如果報告能力也會決定別人對你的印象，那麼接受這種訓練，對我們而言肯定物超所值。

或許正因為如此，暢銷書作家戴爾・卡內基（Dale Carnegie）才會說：「一個人事業的成功，一五％取決於專業技能，另外八五％靠人際關係和處世技巧。」

明明我就只是比較不會表達，卻因此被討厭，還真叫人冤枉。不過，話雖如此，各位不用責怪自己。韓國有句俗話說，**這世上最困難的兩件事情，一個是將別人的錢放進我的口袋裡；另一個則是將我的想法放進別人的腦袋裡**。

報告這件事，就是將自己腦中的想法放進別人的腦袋裡，所以當然很困難。雖然我們常會有「我再也撐不下去了」的想法，但身為一名上班族，總不可能貿然的說辭職就辭職。那麼，我們就得好好利用時間，想一想該如何將自己腦中的想法轉移到對方的腦海中，並加以練習。這將會成為你減少加班、增強心理健康的方法之一。

雖然報告真的非常重要，但就如我先前提到的那樣，沒有人會教我們該怎麼寫報告——準確來說，應該是教不了才對。人有百百種，有些人喜歡某種寫法，有些人則討厭那種寫法。

所以，其實這沒有正確答案。我們很難武斷的說：「只要照這樣做就可以了！」不過，就算沒有正確解答，還是有所謂的「基本功」。我一開始也不知道有這些基本功，只知道盲目的亂寫報告，所以一度感到非常鬱悶。

我還記得當初那股既鬱悶又煩躁的心情，所以我想將這些報告基本功及實用方法，分享給擁有同樣煩惱的讀者——特別是那些覺得寫報告很難，並為此悶悶不樂的人，希望這本書能帶來一些幫助。

我的個性比較好強一點，開口向別人討教，對我來說十分困難，也許正因如此，我非常喜歡撰寫關於職場能力的入門書。

藉由這本書，我想幫助那些像我一樣、難以開口向忙碌前輩討教，或是根本找不到人詢問的讀者。希望這本報告入門書，能為那些正要開始寫報告，卻無人指導、感到茫然的人，帶來一些力量。

※本書介紹的「核心摘要技術：三種提問課程®」為（株）企劃學校所開發的教育課程，受其著作權法保護。

第一章

報告，
不能當成小說寫

1

掌握四要素，寫出主管要的報告

其實，一頁報告書可能會讓你更容易「挨罵」。

如果不整理手邊的資料，全部打成一份又臭又長的報告，可能還會因為運氣好，發現重要資料剛好塞在一大堆句子中，並回覆主管：「啊，您說的部分就在這裡。」但這就代表，你的主管得把這一長串報告全部看完。

然而，正因為**一頁報告書讓人一目瞭然**，**主管自然更容易找出錯誤**，**你就更容易挨罵**。那麼，究竟為什麼會被罵呢？只要將挨罵時會聽到的話整理出來，就能知道原因了。

- 沒有**核心**：話很多，卻沒有核心重點。

圖表 1-1　核心重點是什麼？

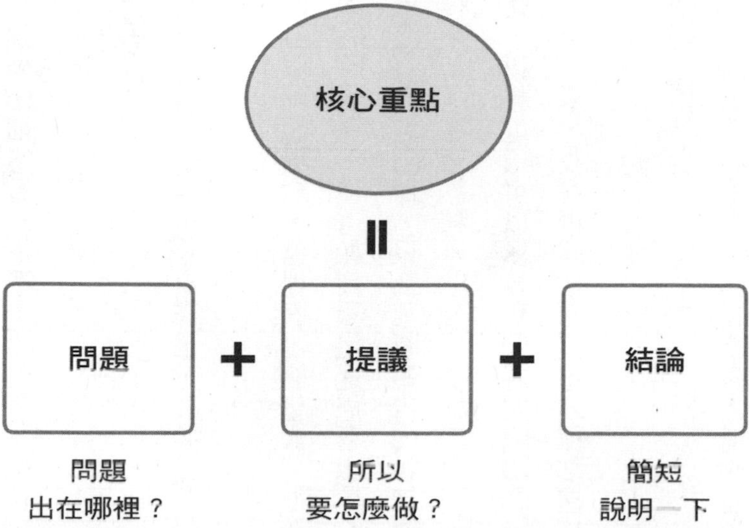

- 沒有**條理**：只有密密麻麻的文字，卻沒有明確的架構。
- 你在寫**小說**嗎？：具有豐富的想像力，卻不符合事實。
- 所以**要怎麼做**？：擁有遠大的願景，卻缺乏行動計畫。

沒錯，正是因為缺少了主管想要的這四項要素，所以才會挨罵。那我們該怎麼做才好？

現在就來仔細的看一下吧。

1. 沒有核心。

沒有核心是什麼意思？這代表你沒有簡短說明問題為何，以及這項提議的核心重點。

雖然這個問題很短，但裡面可能包含了很多想法，所以不容易回答。在一頁報告書為主流的時代裡，懂得如何只迅速思考出核心重點的能力變得更加重要。如果沒有經過訓練，只為了將報告內容精簡成一張紙，就刪掉重要內容，反而會陷入本末倒置的情況之中。

因此，我將這項可以拯救我們避開陷阱的「核心摘要技術」，分成三個部分來了解，到了第二章，我會再詳細介紹這三種掌握核心重點的方法。

2. 沒有條理。

即使掌握了核心重點，但要讓對方能夠聽懂，又是另一個問題了。即使是相同的

圖表 1-2　報告書要有架構

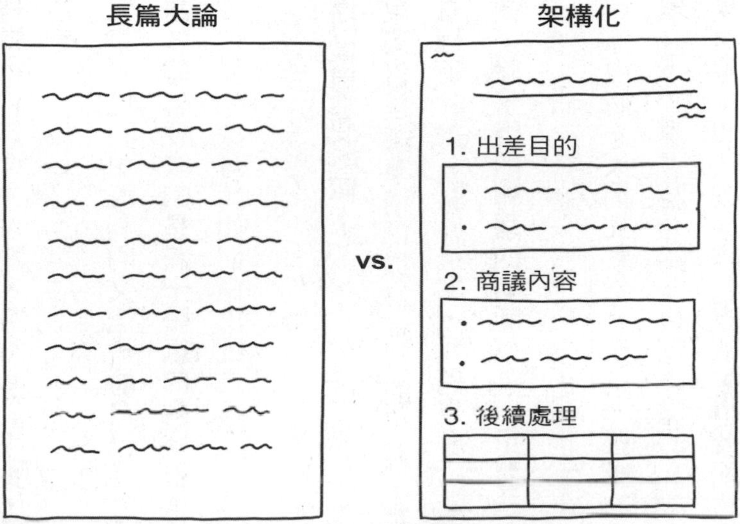

一段話，傳達程度也會根據你的表達順序和邏輯而有所不同。

首先，有架構的文章肯定比長篇大論更容易閱讀，也就是說，我們必須展現出語言的架構，才能讓人輕易的理解。在本書中，我們也會學習將內容輕易整理成一張紙、大家都能輕鬆看懂的架構化技術。

3. 你在寫小說嗎？

小說是一種優秀的文體，卻非職場上需要的文字類型。小說是由作者的想像力創造出的作品，報告書則和想像力無關，必須基於事實，因此需要去除加油添醋的文字，僅保留其清淡之美。

小說家可以利用流利的文筆，將自己在一分鐘內的感受，寫成比十張紙還多的內容。但是，**報告要求的是將十張紙的內容整理成一張、以一擋百的報告寫作能力**。因此，本書也將會探討該如何寫出既具有高傳達力、又簡潔有力的文章。

4. 所以要怎麼做？

若說報告是讓事情得以被推行的手段，那麼，報告就必須要搭配「所以要怎麼做？」的行動計畫。關於這點，我們也會透過案例來探討該怎麼寫才好。

最後，除了上面的那四句話以外，還有一句話也很常聽到，那就是——「我看不見重點。」

你會需要將一大篇文章格式化為一張紙的能力。

整理一下，本書將介紹一頁報告書的三項重點：摘取核心重點的掌握核心方法、清楚呈現出腦中想法的架構化方法，以及使用簡單明瞭的句子書寫報告的方法。

也就是說，我們將會著重於了解核心重點、架構、文句這三個方面。此外，在職場上，只要是一、兩張紙厚度的簡短報告，統稱一頁報告書，因此，本書也會根據實際狀況，將內容整理成一到兩張紙的分量。

第二章

當主管這樣問，我該怎麼答

1

報告三大步驟：說狀況、提要求、給建議

據說，前英國首相溫斯頓．邱吉爾（Winston Churchill）常對他的部屬說：「資料再多，也要整理成一張紙，讓我能一目瞭然。」

這句話該有多令他的部屬感到驚慌？我們該從這堆茫茫的資料大海中，撈出什麼重點才好？要在如此大量的內容中掌握核心，是身處資訊化社會的我們，每天都必須面對的課題。

蒐集這麼多資料，最終其實都是為了做出決策；如果你知道這份報告的目的是什麼，自然就能寫出核心重點。因此，只有在了解「我究竟應該報告什麼」之後，才有辦法刪掉不合適的內容。雖然這世上存在著各式各樣的報告書，但必須對主管報告的臺詞，大致可分為以下三種：

1. 我們目前的狀況是〇〇。（**狀況報告**）
2. 請您△△。（**要求報告**）
3. 我會建議□□。（**建議報告**）

主管常提出的問題一：「發生什麼事？」

如果主管問你：「發生什麼事？」

這個時候，你應該回覆：「我們目前的狀況是〇〇。」

狀況報告	**我們目前的狀況是〇〇。**

- **有這樣子的議題／要求／結果／問題／討論／調查結果……**
- **所以決定要這麼進行／採購／開會／重新協商……**

狀況報告的重點在於準確的傳達訊息。為了確實又迅速的傳達資訊，你需要使用「無情緒」的技巧。在實行這項技巧時，我會改成以下這種語氣：

✕「呵呵，昨天發生了一件超級精彩的事。」

〇「昨天企劃部共二十五人出席，於七點到九點這段期間，學習了『一頁報告書的七大寫作訣竅』，課程評價為九．六分。」

在某人忙著表述情感，遲遲無法開始傳遞訊息時，利用毫無情緒的語氣，就可以順利運用六何法（按：又稱6W分析法或5W1H，即何人〔Who〕、何事〔What〕、何時〔When〕、何地〔Where〕、為何〔Why〕及如何〔How〕）傳達必要的資訊。

主管常提出的問題二：「你希望我怎麼做？」

如果主管問你：「你希望我怎麼做？」、「你打算怎麼辦？」你該作的回覆是：「請您△△。」

要求報告	請您△△。

- **請您核准**我追加△個樣品。
- **請您決定**要採用A案還是B案。
- **請您核准**增加預算。

在這類的要求報告中，必須讓主管在聽完報告之後，知道自己該提供什麼樣的協助，才有辦法順利執行。因此，告訴對方「請替我做這件事」，藉此告知行動計畫、傳達明確訊息，是非常重要的事，因為有很多人談話的方式，讓聽者即使仔細聆聽，還是抓不到重點，不明白對方要自己做什麼。

✕	「我覺得這樣做好像不錯。」
○	「為了執行業務，請在三週內准許我追加購買樣品。」

若曾經接受過「表達明確行動計畫」的訓練，就能讓對方在交談過後，清楚的整理出自己該做的事項，進而加快工作進度。

主管常提出的問題三：「你想一下該怎麼做比較好。」

如果主管說：「你想一下該怎麼做比較好。」你該作的回覆：「我會建議□□。」

建議報告

我會建議□□。

- 問題在這裡，所以我們就這麼做吧。
- 這麼做如何？

「這份建議報告的重點是什麼？」先釐清這個問題，才能讓對方接受你的提議。因為，你必須先理解為什麼要這麼做，才有辦法傳達明確的建議和行動計畫。

當然，對某些人來說，「反正就算我提出建議，你還是會照著自己的想法去做」或「如果我提出建議，就變成我的責任了」這樣的情況不斷上演，所以有很多人刻意稱自己為「單純傳達訊息的傳訊者」。

但是，若想累積自己的企劃功力，就得好好訓練建議報告能力才行。

簡單來說，你的目的必須明確，寫出來的內容才能清晰明瞭，也能避免變成長篇大論。

圖表 2-1　報告的三大目的

1

狀況報告

我們目前的狀況是〇〇。

範例：《教你寫出神企劃》（按：作者的另一著作）第200 刷出貨完成（2018 年 12 月 25 日）。

重點：傳達明確的訊息，幫助主管快速掌握狀況。

2

要求報告

請您△△。

範例：請在一週內追加 100 本《教你寫出神企劃》。

重點：傳達明確的行動計畫，讓對方在批閱完報告之後，可立即實行。

3

建議報告

我會建議□□。

範例：為了增加銷售量，建議開設「一人寫一提案書」課程。

重點：為了讓對方理解，必須提出兩人皆有共識的問題；為了實行，必須提出明確的行動計畫。

因此，在報告之前，先問問看自己：「究竟該講哪些內容？」回想一下你的目的後，再刪掉那些與談話目的不相關的部分吧！

當對方提出「用一句話簡單說」的要求時，你不能只是單純縮短報告內容，而是在縮減成一句話的同時，還要思考一下，自己給出的答案是否與目的相符。

摘要成一句總結

1. 狀況報告＝講出針對對方提問的一句「答覆」。
2. 要求報告＝講出一句「要求」。
3. 建議報告＝講出一句「我針對你提出的（問題）所提出的（建議）」。

2

麥肯錫新人必學的結論歸納法

許多人認為要篩選出核心重點非常困難，這其實是因為自己和對方對於「核心」的定義有所不同。

對我來說，我認為的核心，就是想要表達的內容主軸，但對方很可能對你的內容主軸漠不關心，只想在最短的時間內，聽到他在意的答覆而已。

也就是說，對方所認定的核心，就是他在意的那個問題能得到什麼答覆。得不到答案時，對方就會認為整段對話缺乏要點。

因此，我要在這裡和大家分享，可以藉由對方提問來整理重點的方法。這是由企劃學院（按：由本書作者擔任院長的企劃書教育課程）開發的「核心摘要技術：三種提問課程®」（見下頁圖表2-2）。

圖表 2-2　三種提問法

1

歸納出結論的 What first 法

結論是什麼？（So what）→ 有什麼根據？（Why so）→ 所以要怎麼做？（How）

2

找出重點的 2What 法

什麼情況？（What）→ 這是什麼意思？（So what）

3

提出建議時必用的 3W 法

為什麼？（Why）→ 為何如此？（Why so）→ 所以呢？（What）

只要習慣這三種提問方式，那麼，無論是多冗長的文章或對話，都能輕易從中擷取出核心重點。未經整理的內容，會讓對方感到厭煩，如果這樣的經驗不斷累積，光是想到那個人，就會立刻產生「啊，好煩……」的疲憊感，這樣下來，肯定不會留下好印象。

反之，也有一些人，光是想到他，腦中就會浮現他乾脆俐落的模樣。如果你願意，請一邊看著本書範例，一邊試著理解、套用看看。

夠了，所以結論是什麼？

有些人常常自己講了老半天，最後聽到人家問他：「所以你到底想表達什麼？」或是講到一半就被對方打斷，不耐煩的問：「夠了，所以結論是什麼？」有些人則是自己越講越開心，對方表情卻只變得更複雜、更僵硬，為此感到內心不好受。對這些人來說，最有用的提問法就是 What first 法。

簡單來說，What first 就是從 So what（結論是什麼）開始發問；接下來，再繼續

圖表 2-3　What first 法：先說結論

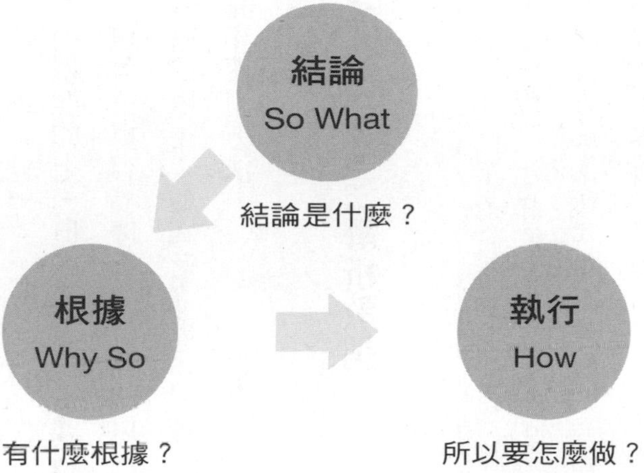

詢問Why so（有什麼根據）。

「So what ↔ Why so」是有名的麥肯錫工作法。這是一種藉由反覆詢問「什麼？為何如此？」或是「為什麼？所以呢？」來整理出核心重點的方法。

不過，因為報告的目的，最終仍是為了要執行，因此，除了歸納內容之外，也一定要告訴你的主管：「所以，請你這樣子執行（How）。」（見圖表2-3）。

結論是什麼？（So what）↓

有什麼根據？（Why so）↓所以

要怎麼做？（How）

基本的型態如上，但之後還會根據報告的實際情況，稍微改變一下用字或意義。

為了讓各位更容易理解，這裡就以一首完整重現前男友放不下的心情、引起民眾爆發性共鳴的歌——韓國著名歌手尹鍾信的〈好嗎？〉作為示範，了解一下這個提問法的優點和使用方法。

用 What first 法解析歌詞

現在還好嗎？之前很辛苦不是嗎？
我們的結局最後也只剩下離別
我們都很不容易

我偶爾會聽說你過得很好
已經遇見一個好人
正和他好好的交往
這些話偏偏就這麼傳到我的耳中
做得好　我想你應該無法忍受
必須去承受那股空虛
談戀愛開心嗎？開始一段戀情時
你不知道自己有多美麗吧？
我至今仍難以忘懷你的模樣
依舊無法從中掙脫
尤其是當我聽見你消息的那一天
那個人好嗎？老實說我感到難以忍受

要是你能再痛苦一點就好了
就算只有我的十分之一也好
我的心好痛　請讓我也幸福吧
我覺得有點委屈　好像就只有我獨自難熬
就只有我崩潰了嗎？
這只不過是一場戀愛　可能就只有我特別開心吧
感覺好複雜　明明就希望你能幸福
卻沒想到會這麼快就開始想你
談戀愛開心嗎？開始一段戀情時
你不知道自己有多美麗吧
我至今仍難以忘懷你的模樣
依舊無法從中掙脫

尤其是當我聽見你消息的那天

那個人好嗎？老實說我感到難以忍受
要是你能再痛苦一點就好了
真的就算只有我的十分之一也好
我的心好痛　請讓我也幸福吧

如果你突然想起了我
希望你能問一聲：「他過得好嗎？」
大家都會回答：「他過得很好。」
因為他們都會以為我過得很好
就因為那微不足道的自尊心
我會裝作自己過得很好
假裝過得十分自在

好啊　真的很好
好到剛好可以遺忘這段美麗的回憶
我只是那個無法愛得恰到好處
只會記仇的前男友而已
只是一段與你擦肩而過的戀情罷了

我刻意舉了一個最極端的例子。這是一段又臭又長、感性爆棚的文字，感覺就像是前男友在半夜兩點寫下的日記。當然，這首歌的歌詞雖然能觸動聽眾的心弦，卻不適合直接放在報告書中。

問題是，其實很多人都會使用這種情感豐沛、拖泥帶水的語氣，來做口頭報告或撰寫書面報告，我自己以前也是這樣。所以，當你的話像這樣越拖越長時，就要使用**「So what → Why so → How」的 What first 提問法，來掌握並整理出核心重點。**

現在就讓我們來練習一下，一起來找找看，這段話想表達的究竟是何種訊息。

結論是什麼？（So what）

就算只有我的十分之一也好
要是你能再痛苦一點就好了

有什麼根據？（Why so）

我覺得有點委屈　好像就只有我獨自難熬

所以要怎麼做？（How）

如果你突然想起了我
希望你能問一聲：「他過得好嗎？」

1. 結論：希望你能再痛苦一點（我的十分之一）。

2. 根據：只有我獨自難熬，實在太委屈了。
3. 執行（要求）：希望你能問我過得好不好。

我們可以像這樣整理出三行核心摘要。當然，若是在公司裡，為了方便工作執行，還要加上期限（到什麼時候）才行。

老實說，要將又臭又長的文章或拖泥帶水的感情整理成摘要，實在令人感到茫然。但要是**當成在回答問題**，整理起來就容易許多。最近也有很多人會使用電子郵件報告事情給主管，所以我們一起來思考看看，該如何改成電子郵件的版本吧！

讓我們想像一下，如果電子郵件寫得像前面的歌詞一樣長，根本沒有人會想看，也不會被已讀。但若是受過「So what → Why so → How」訓練的人，就會整理成如下頁圖表 2-4 的報告。

寫報告的時候，語氣別再像深夜時分的舊情人一樣了！若你平時就很常被別人問：「所以你到底想要表達什麼？你究竟想要我做什麼？我該聽的內容究竟是什麼？」那麼，這項訓練對你而言肯定很有用。

圖表 2-4　用 What first 法，寫出電子郵件報告

收件者 前女友 ×

主旨　我是前男友

主旨
這封電子郵件的目的

前女友，你好。我是你的前男友。
在百忙之中，聽見你交到新男友的消息。

簡單問候＋開頭
關於〇〇事件

我希望你能再痛苦一點（我的 10%），

結論
一行

因為現在就只有我獨自難熬，這樣太委屈了。

根據
為什麼

所以我希望你可以在<u>兩週內</u>，
<u>向〇〇詢問我過得好不好</u>（規定期限）。

要求
在期望對方辦到的事情下方加底線
（一定要加上期限）

謝謝你。
前男友　敬上

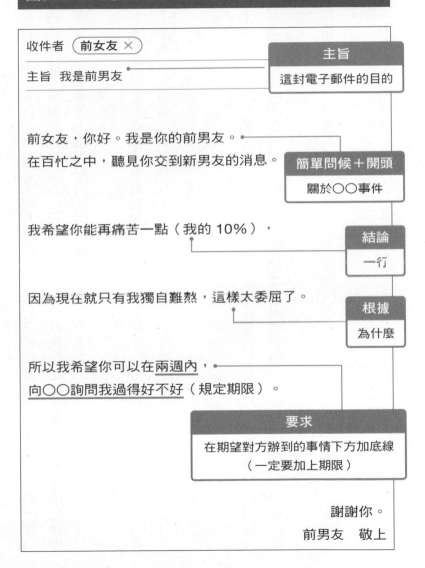

現在是以「秒」為單位觀看影片的時代，所以人們已經讀不下去長篇大論，聽口頭報告的專注力也變得越來越差，只要報告一長，就開始用起手機。如果你不想做出讓人呵欠連連的報告，就大膽的使用這種方法吧！

「今天在場的各位似乎都很想知道『結論是什麼？』、『有什麼根據？』、『所以要怎麼做？』因此，我將針對以上三點做一個簡單的報告。首先，讓我們先看一下結論。」

上面這段話，對聽者來說會是多麼爽快呢？雖然我們常認為把結論放到最後再說，好像更有說服力；但是，如果能一開始就先說出結論，反倒會讓人更想知道個中原因。

簡單來說，一份報告可以總結成以上這些問題：

〔結論〕結論是我們應該執行A。

〔根據〕以下有三個原因。

〔要求〕為了達成Ａ，請准許我〇〇。

在沒有實質根據時，也可以找出類似的案例，並整理成以下這種形式：

〔結論〕結論是我們應該執行Ａ。

〔案例〕只要看一下Ｂ、Ｃ、Ｄ等三個例子就能理解。

〔要求〕為了達成Ａ，請准許我〇〇。

假設你剛和合作廠商開完會回到公司，被主管問：「和那間公司談得怎麼樣？你先總結一下再過來報告。」你卻感到一片茫然，不知道該整理和報告什麼才好，那麼，就問自己這些問題：

- **So what→**和那間公司談得怎麼樣了？

- Why so→為什麼會變成那樣？
- How→未來要怎麼做才好？

正確示範

1 結論：暫緩執行S案。

2 根據／詳細內容：

- 雖然因報價上的優勢而選擇此公司（為C公司的九〇%），但對方要求變更日程。
- 若日程可以互相配合，就協議繼續進行。

3 執行／要求／對策：

- 制定S案詳細執行計畫書後開會（兩週內）。
- 要求小組內部召開日程變更相關會議。

雖然我們先前觀察了「先說結論」的方法，但是，如果你在回答對方提出的問題或製作報告上花了比較多時間，回覆時不要直接說出結論「我要做○○」，你要先拋出「關於您先前說過的○○一事」這句話，讓對方自然想起當初他問過的問題，再將結論帶到同一個話題上。

〔對方提出的問題／話題〕關於您先前說過的○○一事。

〔結論〕我打算要○○。

〔根據〕我做了調查，得出A、B、C三個原因。

〔執行〕若沒問題，我想要按照這個方式執行。

雖然從結論開頭很重要，但若是想讓結論更有吸引力，舉出根據也同樣重要。因為不管我們聽到什麼建議，都會本能的想要知道「為什麼」。

就算你自己並不在意原因，但只要待在公司裡，你就必須針對「為何要做出這種決定」來擬定合理的報告。

圖表 2-5　What first 提問法總結

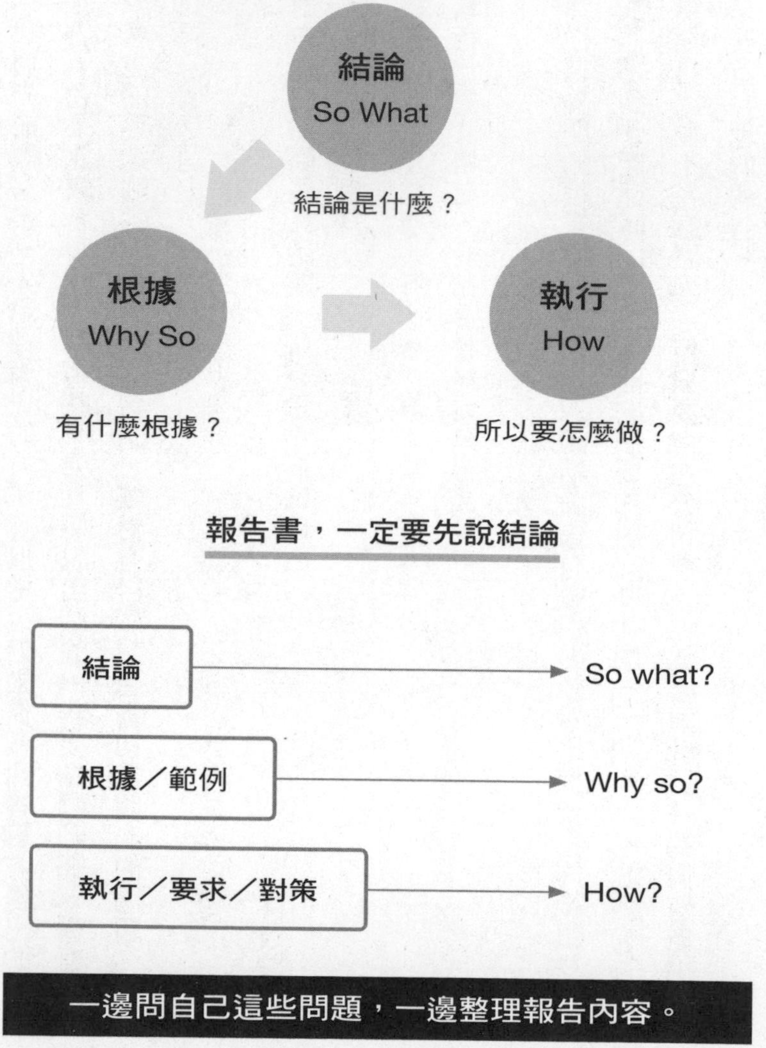

因此，我建議各位可以培養出歸納完結論後，思考為何要這麼做的習慣，問問自己「為何要花這筆錢？」、「為何非得是這間公司不可？」、「為何非得選這個，而不是那個？」等，會讓你的報告更加完善。

3

難為情、尷尬的事，怎麼簡單說明？

你一定也有雖然說了一段話，卻不知道自己到底說了什麼的經驗，也很常遇到聽不懂對方在說什麼的情況，或是明明已經長話短說了，卻仍找不到任何重點。

而 2What 法（What → So what），是可以避免這種狀況的發生，並擷取出最終重點的提問方式。

金度均（按：曾是韓國重金屬樂團白頭山的吉他手）是我和我先生都很喜歡的一名吉他手。他曾經上過韓國綜藝節目《黃金漁場 Radio Star》，當時我們在電視前看到一半，突然發生了讓我們捧腹大笑的事情。

主持群之一的Super Junior 成員金希澈問他：「你家現在還很有錢嗎？」他聽完後回答：「嗯，也不是那個樣子啦……也就是說不見得是那個樣子，現在就是像那

圖表 2-6　2What 法：兩步驟，找出報告重點

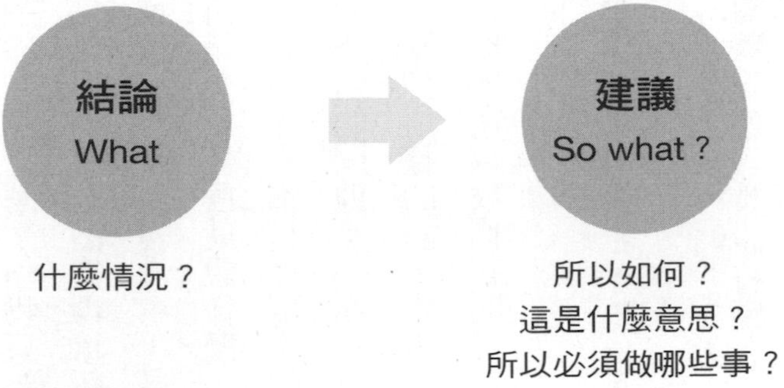

樣、稍微有那麼一點，我們怎麼其他話題聊著聊著，現在卻扯到……。」

另一名主持人金九拉（按：韓國搞笑藝人）聽了好一陣子，劈頭就問：「你在說什麼啊？」他被這麼問之後顯得有些慌張，露出尷尬的笑容並表示：「我不是超級有錢人啦。」

我和先生看到這一幕，一直笑個不停，因為我以前的講話風格和他很像。金度均似乎是想要表達「我雖然是有錢人，但可能不是你想的那種有錢人」、「我雖然有錢，但是直接說出來有點難為情」這種複雜的心情，沒想到說明變得越來越長。

只要一陷入「可以那麼說，但好像也不能那麼說」的想法之中，思緒開始變得混亂，就會落入不知道自己在說什麼的窘境。所以總是聽我滔滔不絕、說個不停的先生都會問一句：「你在說什麼？」我只要一聽到這句話，就會放聲大笑，心想：「啊，原來我想說的是這個啊！」然後再重新整理一次自己的思緒。

這種情況不斷持續發生，最後讓我養成了先整理好「現在我想說的是這些」的習慣，不再是想到什麼就說什麼，也算是受過了「先整理出重點再開口」的訓練。

雖然我和先生都是金度均的歌迷，但假如我是他的主管，恐怕會覺得心很累，因為我必須不斷的問他：「你在說什麼？」

一直聽到這樣的話，報告的人肯定會感到很洩氣，講了那麼一大串，卻被反問自己在說什麼。所以我們在開口之前，最好先問自己這些問題，好好整理一下思緒：

什麼情況？（What）→這是什麼意思？（So what）

這對狀況報告來說特別有用。如果沒有受過訓練，就只會列舉出一連串繁瑣的狀況。對聽者來說，只會覺得「所以是要我怎樣」，因此，我們必須先透過 2What

法，將報告內容整理成「現在的狀況如此，所以我們應該這麼處理」的模樣。舉例來說，你可以透過這種方式反問自己，並整理出內容：

什麼情況？（What）→所以必須做哪些事？（So what）

為了讓各位更容易理解 2What 法的概念，我們就來看一下韓國元老級男子偶像團體消防車的出道專輯中，最有名的歌曲之一——〈昨夜的故事〉，一邊討論吧。

範例①：2What 法的應用

昨夜我覺得你很可恨

昨夜我覺得你很討厭

看著那些轉啊轉的旋轉燈光
就只有我獨自心痛

當我的朋友們牽著你起舞時
為何你總看不見我難受的模樣
昨夜的派對實在太過寂寞
即使給我全世界
我也不願拿你交換
你為何就是不明白這一點
昨夜我覺得你很可恨
昨夜我覺得你很討厭
我一直等待著

那毫無間斷的音樂停止
獨自鬱鬱寡歡著

看著這麼長的文章，我們可以先問：

什麼情況？（What）

昨夜我覺得你很可恨

所以必須做哪些事？（So what）

你為何就是不明白這一點（我的心意）＝請明白我的心意

於是，我們可以整理成下列文字：

〔現象〕昨夜我覺得你很可恨。

【要求】希望你能了解我的心意（若是報告，還得加上截止期限）。

覺得可恨是現象（What），所以必須要向對方提出「該如何做」（So what）的要求，才不會停留在不斷自怨自艾的情況。提出做法之後，這就變成能夠付諸實行的報告了。

接下來，我們就利用韓國嘻哈R&B歌手Zion.T的〈拿來吃吧〉這首甜蜜蜜的歌詞，再多練習一下吧。

範例②：2What法的應用

嗨　不容易吧　很忙碌吧
會覺得自己為何要做到這種地步吧
你抱的期望特別多吧（是啊）

想休息吧
很吵雜吧
這一切都令人生厭吧
很想回家吧（就算已經在家）
應該還是很想回家
這種時候就把這首歌
當成巧克力　拿出來吃吧
就算很累　還是要按時吃早餐和午餐
這樣我待會就會稱讚你一下

這段歌詞真的超級可愛，叫人不禁想問，怎麼有辦法寫出如此甜蜜的歌詞？如果我們要將這段歌詞轉成報告形式，首先，必須先將那一長串話整理過一遍。他想表達的究竟是什麼呢？

什麼情況？（What）

一些令人疲憊的情況。

因為我們必須整理，所以來數一下他提到了幾個情況：八個。

所以必須做哪些事？（So what）

遇到那種情況，就將這首歌當成巧克力，拿出來吃。

整理一下就會得出：

1. **〔現象〕**以下八種情況：

①遇到困難時。

②忙碌時。

③開始懷疑起自己時（為何要做到這種地步？）。

④抱的期望特別多時。

⑤想休息時。
⑥覺得吵雜時。
⑦一切都令人生厭時。
⑧想要回家時。

2.〔**建議**〕將這首歌當成巧克力，拿出來吃。

若覺得分成八種太多，也可以改寫成在心理（內在因素）和情境（外在因素）上遭遇的難題：

1.〔**現象**〕遇到下列兩種難題
①心理：停不下來、充滿懷疑、疲憊、想要回家
②情境：忙碌、外界期望過多、噪音、事情令人厭煩

2.〔**建議**〕將這首歌當成巧克力，拿出來吃（表明期限）。

我偶爾會在自己的話越說越長時，假裝自己在打電報，這樣就能俐落的砍掉冗詞贅句。據說以前還在發電報的時期，必須要按字數收費，為了節省花費，就得盡量寫得簡短一點。

我們來假設一下，現在必須轉告居住在海外的某人，○○過世了，請他盡快回國的消息。

若是依照平常講話拖泥帶水的習慣，應該會說：「不好意思，百忙之中打擾了，今日的天氣如此陰沉……。」

若要這麼開頭，就得花上一大筆錢。現在不是講那些客套話的時候了，拜託只講重點吧！問一問自己該寫些什麼才好？

什麼情況？（What）

○○過世。

所以必須做哪些事？（So what）

希望你在兩日內回國。

若寫成：「因○○○過世，請於兩日內歸國。」這樣的電報如何呢？如果只寫下「○○○過世」，那So what部分的解釋，很可能就會根據收信者而有所不同。他們可能會想：「如果現在回國，說不定還會被罵『幹麼大老遠跑回來』，所以還是不要回去，就待在原地，在心裡悼念就好了。」因為每個人的想法都不一樣。

以這種情況來說，即使你說了「不是，當然要來啊，怎麼能不來呢」也沒用。如果想得到某種結果，就必須說出「我想得到的是這個結論」才行。也就是說，如果你希望對方回來，就必須寫上「希望你回國」這幾個字。

習慣了這點之後，未來在討論工作上的事項時，可以減少彼此間的誤會，你也就更容易得到自己所期望的結果。

舉例來說，如果你告訴A明天要開會，卻發現他在隔天開會時，只會一聲不吭的呆坐在那裡。你問：「你沒把這個案件整理成一頁報告書嗎？」卻得到這種回應：

「嗯，我沒整理啊。我該整理嗎？我今天只打算過來聽聽看大家的想法而已。」

彼此認知到的常識可能會有所出入，因此，若能先整理成 2What 法的格式再說出口，就會比較明確。

舉例來說，既然明天要開關於A案的會議，那就不能只講要開會（What），你還得加上要求（So what），所以你可以說：「明天要開A案相關會議，希望大家將自己的想法，整理成一頁報告書。」

報告時，若只對主管說：「工廠告訴我無法按時交貨。」對聽者來說，可能會產生「所以呢？結論是什麼？」等疑問，因此，他們腦中可能會出現以下幾種詮釋：

〔結論一〕 工廠要求協商。

〔結論二〕 報告者要去工廠協商。

〔結論三〕 向下游廠商確認日程上是否有緩衝空間。

這時，也要透過 2What 法，告訴主管該怎麼做、或自己想怎麼做才行。若沒有

圖表 2-7　2What 法總結

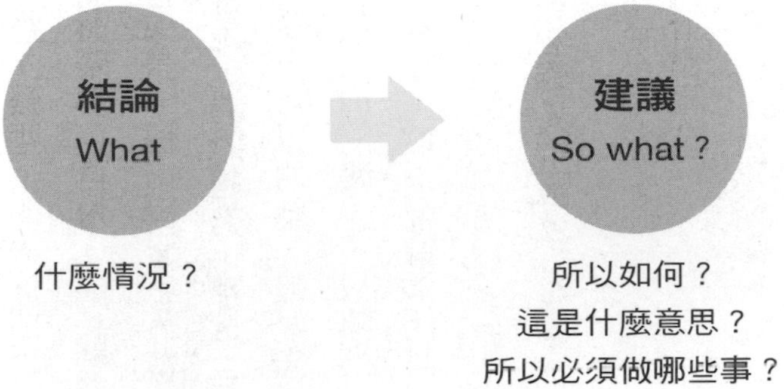

必須有重點或要求，才有辦法理解和執行

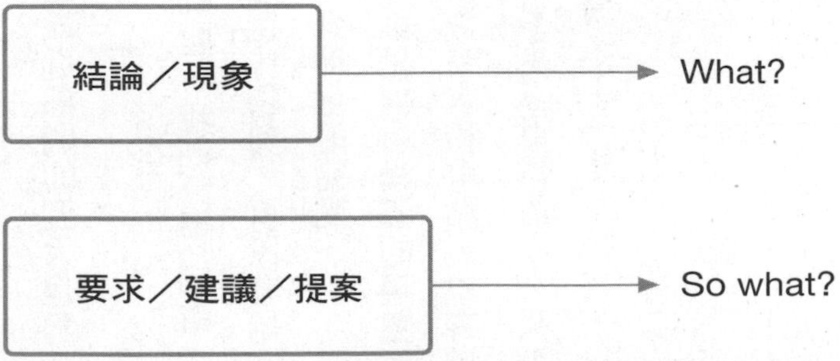

在整理報告內容時，反問自己這些問題，
會讓你的報告品質大幅上升。

得出任何結論，就只會留下累積誤會的空間。

如果被主管要求報告近期趨勢時，只單純提出最近熱門的五大趨勢，這樣就只有What，而沒有So what。主管就會心想：「所以呢？」

但是，只要運用2What法，就能解決你的問題。我們已經知道主管想知道的What，就是這五大趨勢，那So what呢？就是提出這些趨勢，可以套用在公司身上的點，而且如果可以的話，最好先以一句話總結，再延伸你的論點。

一份最無力的報告，只陳列了滿滿的事項，也就是只有滿滿的現象，卻找不到任何要求和重點，也不會留下任何印象。報告必須包含要求和重點，才有辦法執行。

因此，我很努力使用What，並用So what來整理談話內容；如果發現自己的話越拖越長，我就會用So what來總結成一句話，表示：「總而言之，我想說的就是這些。」

4

別當「解釋蟲」：話多但無趣

如果想整理你的提議或建議，3W法是個非常有用的提問方式。

提出建議非常困難，因為對方常常會覺得：「我為什麼要聽這個建議？」因此，比起開門見山的直接給出建議，倒不如先從對方提出的問題開始談起，這樣才能讓對方慢慢理解、做出連結。

舉例來說，韓國著名保肝藥梧露灑的廣告就是個非常好的例子。他們沒有一開始就直接建議「吃梧露灑吧！」而是從「**累了嗎？**」起頭，讓這款藥和消費者「真的累死人了」的心聲產生共鳴。

「**你會累，都是因為肝不好。**」廣告接著這麼播放。

此時，即使你沒有做出「啊，原來是這樣！」的反應，也會心生「啊，真的嗎？

圖表 2-8　3W 法：三步驟說服他人

是那樣嗎？是因為肝不好嗎？」的想法，稍微更理解為什麼要吃梧露灑。

這時廣告旁白才提議：「那來吃吃看可以清除肝臟毒素的梧露灑吧！」你就算不覺得「嗯，我一定要吃吃看！」也可能會產生「唉唷，我得來吃一下了嗎？」這種念頭。

雖然到購買階段又是另一回事，但本書的核心在於「整理」，以這方面而言，這是一個非常值得肯定的廣告，因為它有辦法讓人留下印象。

我們一天會看到很多廣告，卻無法記得所有廣告的臺詞。但只要一提到：「啊，好累哦，為什麼會這樣？」即使是在開玩笑（不一定要完全同意），也能輕鬆的聯想到「你會累，都是因為肝不好」這句臺詞，或是廣告中的歌詞。

試著用3W法來整理這個廣告，就能看出它有多簡潔明瞭：

〔問題〕你累了吧？

〔原因〕這都是因為肝不好。

〔建議〕服用梧露灑吧。

（附上證明：梧露灑中的UDCA〔熊去氧膽酸〕成分，可以清除肝臟中累積的毒素。）

梧露灑是擁有五十多年歷史的老藥了，肯定有很多值得談論的特色或紀錄，但梧露灑的公司明白，並不是說得越多，消費者就會更受到吸引。

因此，只要整理出正好能被記住的那些資訊，並將訊息整理成（Why），讓聽者可以自動聯想到「這是在講我耶」；再列出造成問題的原因（Why so），讓聽者理解「搞不好因為那樣」；最後再說出你想提出的建議（What），讓人自動得出「嗯，所以必須這麼做嗎？」的結論。最後，這個報告就能被對方記得一清二楚。

〔問題〕為什麼？

〔原因〕為何如此？

〔建議〕所以呢？

接下來，讓我們試著用一段長篇歌詞練習整理核心摘要吧！這是一首很常聽到、能引起很多人共鳴的歌曲，甚至被詩人們票選為「最美麗的歌詞第一名」——韓國女歌手李素羅的〈起風了〉。

■範例①：3W法的應用

起風了　我悲傷的心中　吹來了一片空洞的景色
在剪完頭髮回家的路上
強忍已久的淚水傾瀉而下

天空被打溼了　冰冷的雨水澆落在昏暗的街道上
滂沱大雨群聚而來
似乎離我很遠　又似乎早已停歇

這世界仍與昨日相同　時間仍不斷的流逝
只有我獨自變得如此不同
我那些虛無飄渺的願望被風吹散
急著消失得無影無蹤
起風了　在刺骨的寒意中　令人想起過往的時光
你那站在夏日盡頭的背影　似乎非常冷漠
我好像全都明白了
對我來說曾是如此珍貴　那夜不成眠的日子

對你而言　跟此刻沒有什麼不同
愛情是場悲劇　你並不是我
所以我們的回憶也寫得不同

我的離別連一句「再見」都沒有就結束了
這世界仍與昨日相同　時間仍不斷的流逝
只有我獨自變得如此不同
裝滿曾經視如珍寶的回憶
我的腦海吹起了風
令我潸然淚下

雖然將這種感性的歌詞整理成生硬的文字，好像有點無禮，但為了訓練大家的

3W法技巧，還是讓我們來試試看吧：

1. **問題**：悲劇般的愛情（雖然不想分手，還是分手了）。
2. **原因**：因為你不是我（兩人彼此認定的愛情深度與情感不同）。
3. **解決方案**：？

歌詞中並沒有給予解決方案，因為愛情是一個無解的問題。這段文字，以歌詞來說非常優秀，但談論的**若是公事，就必須找出對策來填補那個空格**。其實，框架的優點，就是能讓我們知道哪裡還有空格需要填補，然後我們就能動動腦筋、設法為空格補上文字。

我靠著這個訓練改變了很多。其實，我是一個非常感性的人，甚至只要早上沒有聽到我想聽的歌，就覺得這一天全毀了。如果被問到什麼問題，我也會像前面提到的吉他手金度均一樣，隨著意識的流動、毫無架構的說個不停。

然而，當我在公司裡不斷被主管退件，並接受3W法訓練之後，我現在會下意識的僅整理出核心訊息，傳達重點的能力也進步了不少。

我們再練習一次吧！接下來這首歌，是很多人只要一聽到前奏，就會跟著陶醉開唱的歌曲——韓國男歌手金健模的〈愛情離開了〉，我想，應該再也找不到比這段歌詞更囉嗦的故事了。

範例②：3W法的應用

愛情又再次從我身邊離開了
這次特別嚴重　正好是我的愛情
是我懷抱了過多期待嗎
是我太貪心了嗎
真是太空虛了　我明明就對她很好
愛情究竟有什麼罪　我愛的就只有你

拜託你別裝作不知情　我無法忘懷
為什麼你非得要離開我

我做著最後的夢　想要的就只有你一人
如此緊張的心情　真的是我生平第一次
我只是愛著你　我會很想念你
拜託你回來吧

我想對總是陪在我身邊的你說
拜託你現在睜開眼　看看我真誠的愛
我一直都只看著你　等著你啊
我沒有自信能夠獨處
我想起「上帝已死」這句話

但我還是想要祈禱　請祂將你賜給我
你在那如此深的悲傷中　究竟去了哪裡
拜託守著我吧

這到底是第幾次愛情離開了
雖然我會再次戀愛　逐漸忘掉悲傷
但這次不同　我無法忘記你
我就只要你一個

我都這麼苦苦哀求了
愛情還是走到了盡頭

唉，這段歌詞還真是悲傷，也寫得非常出色，真不知道他怎麼寫得出如此哀戚的歌詞。現在，就讓我們再次試著冷靜的把這段歌詞，整理成報告用的形式吧！

問題是什麼？（Why）

愛情離開了。

為何如此？（Why so）

是我懷抱了過多期待嗎？是我太貪心了嗎？

依歌詞來看，我們可以推測出，他的戀人可能因為對方抱有太大的期待，所以反而因為覺得疲憊而離去，因此，他提出的要求可能是：

所以呢？（What）

（以後不會再有那麼多期待了）要求對方務必回到自己身邊。

1. 問題：分手。
2. 原因：期望太高。
3. 建議：（不會再抱持期望了）拜託回來。

當然，這是歌詞上的整理。或許也有人會認為，分手哪需要什麼理由，就只是單純不愛了而已，所以得出以下這種結論：

1. 問題：分手。
2. 原因：不愛了。
3. 建議：？

因為已經不愛了，所以也無法給出什麼建議。這裡我們可以得知兩個重點：

1. 無論再怎麼正確，只要無法取代或不可控制，也就是那些無法解決的原因，都無法和建議做出連結，因此，很多時候不能列在報告書裡，你必須**找出可以提出應對方案的第二原因**才行。

2. 即使是相同的事件，不同人也可能整理出完全不同的版本。因此，我們應該持續訓練自己的洞察力，以便準確掌握本質上的問題和原因，並提出建議。

就連滔滔不絕的閒聊，也能用3W法來整理嗎？我最近剛成為新手媽媽，看見經常嘔吐的孩子，讓我非常心痛。我們來試著向朋友吐露這種情況吧！

這種文章的重點，到底在哪裡？

「唉，孩子嘔吐的問題真的很累人，牛奶喝到一半會吐，喝完了又吐……因為嬰兒喝奶時會吸入空氣，空氣又會累積在寶寶食道和胃裡，為了減少脹氣、腸絞痛等問題，一定要替他們拍嗝才行。

「不過，有時候就算拍嗝了還是會吐。我每次看到他這樣，就會覺得很心痛。

「昨天他在睡覺的時候也一直不停翻身，遲遲無法入睡，結果哭一哭又吐了。是因為腸胃不舒服嗎？到底他為什麼會睡一睡突然吐了？為什麼這麼淺眠呢？唉……。

「所以我了解了一下（**現在才開始說重點**），原來是因為小孩的腸胃還沒發育完全才會這樣。

「好像是因為腸胃不舒服才會一直吐、睡不好又一直哭。雖然說嘔吐應該是腸胃不舒服才會這樣，但也不知道是不是因為腸胃不舒服，才會睡不好並無緣無故的哭泣。

「有些人說，在新生兒育兒的過程中，有九〇%都是在跟尚未成熟的腸胃系統爭鬥。

「好像只有好好拍嗝，才能讓孩子減少嘔吐、不哭和熟睡。所以幫孩子拍嗝時，也不是拍一次就好，而是要持續幫他拍十到二十分鐘左右才行。大部分的父母都只拍一次就停了，而且大多都是想說餵完牛奶之後再拍就好。但我找到一些資料，上面都提倡要在中間就先拍嗝。

「啊，還有最累人的一點……孩子吃到一半很容易就睡著了，但又不能因為他睡著了就不幫他拍嗝。可是要幫好不容易睡著的小孩拍出嗝來也不容易，所以我又找了一下，發現小孩睡著時，只要媽媽站起來邊走邊拍，效果就會比較好。」

我們該拿這一長串的碎碎唸怎麼辦才好呢？這段話是什麼意思？在我們被問到「你究竟想表達什麼」之前，先試著用3W法來整理一次吧！我們自己也要下定決心，報告時千萬不能像這樣。

正確示範

1. 問題（Why）：經常嘔吐、淺眠、不明原因的哭鬧。

2. 原因（Why so）：因為孩子的腸胃尚未發育成熟，而進入「肚子不舒服所以經常嘔吐→無法熟睡→腸胃不舒服所以哭鬧」的惡性循環。

3. 解決（What）：可以幫助不成熟腸道消化的三種拍嗝法。

①〔拍十分鐘以上〕至少拍十分鐘以上以幫助消化。

②〔途中拍嗝〕喝奶喝到一半先暫停，稍微拍嗝後再繼續餵奶。

③〔走動拍嗝〕當小孩睡著時，一邊走動一邊拍嗝。

正如我們在範例中所看到的，會使用3W法的人，他們的語言和文字都和不會3W法的人差很多。報告只要一長，對方就容易看不懂，但凡是受過3W法訓練的人，他們的口頭報告和報告書，就很容易被人理解。我們總得讓人先看得懂，才有辦法升遷或得到成果，不是嗎？

或許正是因如此，威廉・莎士比亞（William Shakespeare）才會說：「若不想搞砸運氣，就得先將話修飾過再說出口！」

所以，總結一下，在報告書上要以3W法作為基本脈絡：

為什麼？（Why）→為何如此？（Why so）→所以呢？（What）

然後再整理成以下這種形式：

〔問題〕目前遇到了這種問題。

〔原因〕其實是這個原因。

〔建議〕所以我們可以這麼做。

當我們在現狀中尋找答案時，就會變成這樣：

【現狀】目前現狀如此。
【問題】其實這裡有這種問題。
【建議】所以我們可以這麼做。

或是：

【問題】目前有這些狀況。
【核心】這些問題／現象的核心就是這個。
【建議】所以我提議這麼做。

也能簡單整理成這樣：

【報告背景／報告目的／檢討背景】最近有這項議題、最近從A部門或B客戶那裡收到這項要求、最近收到了這種指示。

〔現狀／問題〕我了解了一下，發現目前是這種情況、有這種問題。
〔課題／對策／檢討方法〕因此我想要提議這麼做。

若使用連結來記住Why，也會更加容易。舉例來說，如果一見到朋友，你就直接說「喂！你去做B吧！」那你自然會得到「你在說什麼？」的回應。我們必須依照這樣的順序來對話才行：

「我們上次不是討論過A嗎？」（**報告背景**）
「嗯，怎麼了？」
「我想了一下，因為這些現況／問題，所以B感覺比較好。」（**檢討方法**）

也就是說，不要一開始就一股腦的說出自己的意見，而是先透過「先前收到這種要求／指示」（報告背景／目的）或「我們不是遇到了這種議題嗎？」（檢討背景）來告訴對方為何要聽我的報告，這樣對方才有辦法建立與這件事的連結。

當連結建立好了，對方就會繼續問：「哦，對啊，所以呢？要怎麼做才好？」然後，我們就可以帶出決定好的課題、對策或檢討方法。

例如，我從E公司那裡收到「我們有這種需求」的要求後，比起立刻回報、向公司提交建議報告書，我會在最後加上執行的方法，如下：

〔連結〕思考一下連結。

〔檢討背景〕「你提出了這種要求吧？」將對方提出的要求做成摘要後呈報。

〔現狀／問題〕根據你所提出的要求，你似乎覺得這方面有困難、抑或這就是你想要的東西。

〔建議〕為了解決那個問題、滿足這個要求，我提出這個建議。

〔執行〕詳細的執行計畫就依照這個方法來做。

當問題無法歸納成一個原因或無法歸納時，就必須針對各項問題提出解決方案：

1. 問題。
①問題A。
②問題B。
③問題C。

2. 檢討方法。
①對應問題A的建議A。
②對應問題B的建議B。
③對應問題C的建議C。

可以像這樣，一一列舉出各項問題和提出的建議，請注意順序有沒有配合好。

另外，在難以掌握明確原因的情況下，也可以像下面這樣，整理出推測的原因：

〔問題〕目前遇到了這些問題。

〔推測原因A、B、C〕目前推測有這些原因。

〔計畫A、B、C〕因此我想出了這些對策／應對方案（**推薦或比較各項計畫的優缺點**）。

諾貝爾生理學或醫學獎得主彼得・杜赫提（Peter Doherty）曾說：「想要研究科學的話，就必須會寫文章；文章寫得好的人，思緒清晰、研究也做得更好。」

若以自己的領域取代科學兩字，例如，以「業務執行」取代研究，不也是相同的道理嗎？

「想要研究（執行）〇〇的話，就必須會寫文章。文章寫得好的人，思緒清晰、研究（執行）也做得更好。」

報告書之所以要寫得淺顯易懂，都是為了執行。話要寫得簡單一些，才能成事，如果寫得讓人完全看不懂，那就無法實行。

至少要讓人看得懂，才有辦法做事吧？若無法執行，那不管文句寫得再怎麼出色，又有什麼用呢？因此，我每次在進行這項訓練的同時，都會很努力的整理出「為什麼」、「為何如此」和「所以呢」。

圖表 2-9　3W 提問法總結

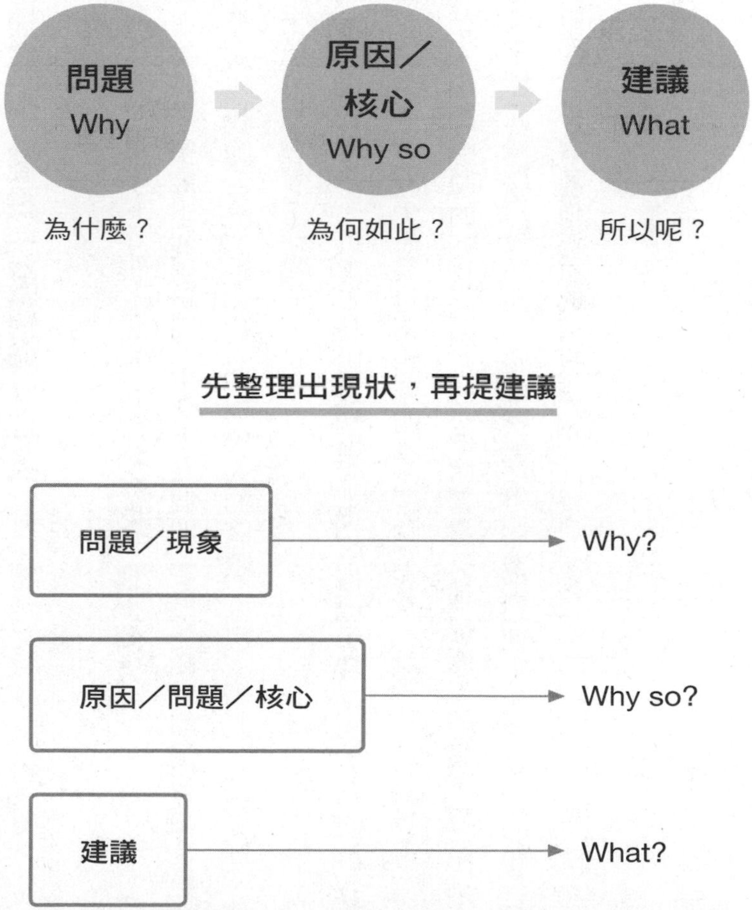

一邊問自己這些問題，一邊整理報告內容。

掌握三種提問，擺脫「解釋蟲」綽號

現在，我們已經看過掌握、整理核心內容的三種提問方式。

最近在韓國十多歲年輕人的圈子裡，有個叫「解釋蟲」的流行語。這個字指的是「解釋得太無趣的人」，實在是個很傷人的字眼。再怎麼說，把好好一個人叫做「蟲」，未免也太過分了一點。

不過，我在工作時，也會不時用這個單字提醒自己：我是否因為陶醉在自己所說的話，而不斷講著對方不需要也不想聽的長篇大論呢？

若想結束不斷膨脹的冗長話題，請多練習這三種提問。如果不喜歡別人這樣對你，那你也不應該這麼對待別人。希望透過這一連串訓練，能讓我們的報告書，有著值得反覆咀嚼、不會負荷過重的清爽滋味。

第三章

八類型報告書，立刻與同事拉開差距

1

最糟的報告：讓自己看起來很聰明，但對方看不懂

我們已經在前面學會擷取核心內容的三種提問方法，接下來，我們來看看該用什麼樣的架構來傳達這些核心內容。經過架構化的文字，肯定比毫無架構的文字更容易看懂。

首先，我們必須先了解何謂「報告」，才能訂出符合目標的架構。報告的定義是：使用語言或文字，告知有關工作的內容或結果。

報告的目的是什麼？上面明確的寫出「告知」兩字；雖然這應該是指告知有關工作的資訊，但以現實來說，告知對方「我正在工作」也非常重要。

那麼，報告的成果又是什麼呢？因為目的在於告知，所以如果對方聽懂了，就代表有看到成果；如果沒聽懂，就等於沒有成果。

圖表 3-1　報告書的正確架構

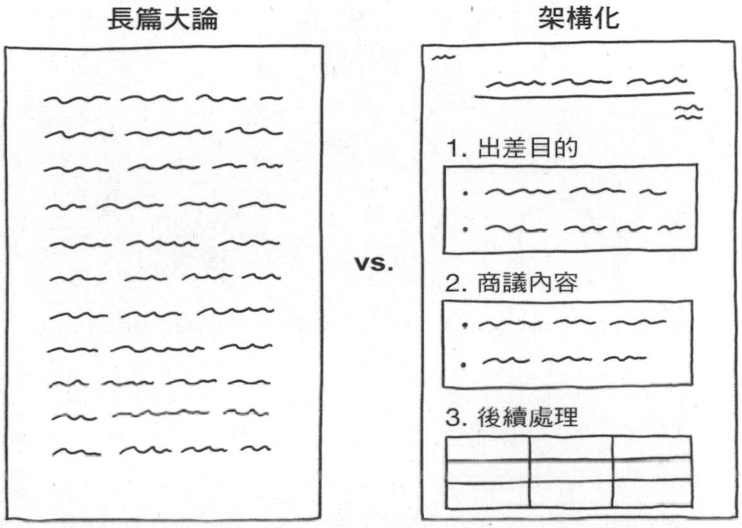

有些人發現對方聽不懂後，卻心想：「他竟然聽不懂？我明明就說得這麼好，是他太笨才聽不懂吧？」其實，這和自己的聰明才智無關，就只是沒有成果而已。

總而言之，和「讓自己看起來很聰明」相比，讓對方聽得懂自己在說什麼，才是最重要的。**報告的成果，就是有順利傳達到自己的訊息。**

那麼，我們要讓對方聽懂什麼東西呢？

要告知對方的事情，當然

圖表 3-2　傳達對方在意的訊息

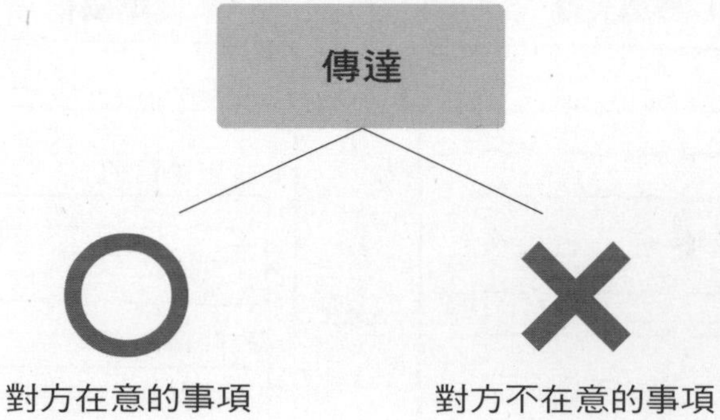

和自己想不想寫、知不知道無關，而是要報告對方在意的事項。

因此，以對方（主管、聽者）想知道的順序，寫下對方在意的事項，就是報告的正確架構。

報告的架構＝依照對方想知道的順序，寫出對方在意的事項。

若對方無法理解，就會提出「你在說什麼」的疑問。他問了這個問題時，如果你回答：「不，你先聽完。」那麼，從那一刻起，他就什麼都聽不進去了。

因為那不是他在意的東西，所以他當

然聽不進你說的話，他如果是你的主管，可能只會說了一聲「好了」來打斷你，並開始問自己想知道的事情。

也就是說，所謂可以讓對方自然理解的架構，就是對方思考的架構，而這樣的框架，產生自對方的提問，因此，提問和架構及報告目次其實都是一體的。

我們剛才一直提到對方在意的事項，所以這裡要先來確認一下，我在意的事項和對方在意的事項，這兩者之間真的有那麼不一樣嗎？

先說結論，很多時候就是這麼的不同。比方說，假設你的主管看了《教你寫出神企劃》這本書，對書中的A課程很感興趣，於是對你下了這樣的指令：

> **檢討是否該在公司執行提升企劃能力的A課程。**

接到指令之後，你可能會感到茫然，不知道該從哪裡開始下筆。因此，就會習慣性的回到自己的座位上，開始查找資料，那些習慣透過搜尋來學習所有知識的年輕人尤其如此。如果這麼做的話，你的思考線路可能會像以下這樣：

這種思考流向，問題出在哪？

1. 先搜尋一下A課程，得知：「啊，原來還有這種課程、有這種教育訓練啊。」

2. 搜尋時走偏了，開始查起其他教育訓練，心想：「原來還有這麼多種教育，還有這種教育耶？好酷。」

3. 接下來，較會讀書或喜歡文書工作的人，就會開始比較、分析目前找到的企劃教育方法論，並做成不同類型的表格；有時甚至還會陶醉於製作過程中，完全忘記自己為什麼要做這些表格，只沉迷在這件事情裡，甚至還開始感受到一些樂趣。

4. 重新回過神後，出現「公司的大家一起上課也不錯」的想法。

5. 開始思考該如何進行，並尋找聯絡窗口。

6. 接下來就會出現「好像試著聯絡一下也不錯」的想法。

蒐集完資訊，要開始寫報告了，你很有可能會按照自己工作的順序書寫。開始動筆後，便將自己找到的企劃相關資訊寫成一篇長篇論文，大綱如下：

1. 何謂企劃？
2. 企劃能力教育訓練介紹（依各類別整理）。
3. 培養企劃能力的必要性。
4. 聯絡窗口。

認為自己寫成這樣應該沒問題了，於是將報告書呈交主管。那麼，接下來會發生什麼事呢？想必主管一看完就會怒罵：「喂！誰說我想了解企劃是什麼？」

好的，讓我們先深吸一口氣，放下情緒之後，再來思考一下吧。主管想知道的東西是什麼？其實，先回頭讀一遍主管說的話，就能找出頭緒。

主管在意的地方

檢討是否該在公司執行提升企劃能力的A課程。

他想知道的就是「是否」這兩個字的答案。

再解釋得更清楚一點，主管的意思就是：「我已經都先查過，也了解過了，但還是無法判定是否要進行。我沒什麼時間，所以就請你代替我來了解一下，並做出合理的判斷吧。」

這就代表，他提出的問題就是：「要進行？不進行？要如何進行？」所以，你必須先回答這個問題，例如：「我覺得要進行。」

那麼，在報告書上最該立刻提到的，當然就不是「何謂企劃」，而是帶有「我們來推動A課程的企劃教育訓練吧！」這種意思的內容。第一點，可以這樣寫：

1. A課程提案

我們來想像一下，必須撥經費、向上頭報告的主管，他會想問我們什麼問題？應該會想知道「為什麼要這麼做」吧！

因此，為了說服主管，你可以再寫下：

2. 此課程的必要性

〔問卷結果〕八〇%的員工表示，撰寫企劃書很困難，希望能有企劃書撰寫法相關的教育課程。

接著，再想像一下，主管還會說些什麼？其實，聽到這份數據，主管肯定會想問：「真的嗎？」所以，你可以接著寫下：

3-1. 課程效益

兩天內學習完提案書六階段的寫作邏輯後，每人各自撰寫一份提案書↓發表↓接受個別指導。

3-2. 課程講師評價

該課程講師，曾在與我們公司相似的產業授課，例如○○、△△、□□，滿意度皆超過四・五分。

看完這些內容後，主管肯定還會問：「所以要怎麼做？」所以，你必須先聯絡講師，確定可開課時間及預算，並寫在報告的最後一點中：

4. 執行概要（運用六何法或寫上費用、行程、窗口）

最後，我們就能寫出一個完整的一頁報告書（見下頁圖表3-3）。

依照自己工作的順序，想到哪就寫到哪，或是依對方想聽的順序來寫，做出的報告就是如此不同。在聆聽前者報告時，你可能會覺得：「我幹麼要聽這些東西？」在聽後者報告時，則會覺得：「沒錯，我想知道的就是這個，所以該怎麼做才好？」

看到切中自己想法的目次，心情就會變得舒暢，自然便能敞開心胸、聆聽接下來

圖表 3-3　依照「對方想聽的順序」訂出架構

✕	○
依照自己工作的順序	**依照對方想聽的順序**
↓	↓
直接搜尋 A 課程，然後寫下目次。	依照對方可能會問的問題，按順序寫下目次。
↓	↓
目次： 1. 何謂企劃？ 2. 企劃能力教育訓練介紹 3. 培養企劃能力的必要性 4. 聯絡窗口 5. 其餘內容（我還查了……）	目次： 1. A 課程提案 2. 此課程的必要性 3-1. 課程效益 3-2. 課程講師評價 4. 執行概要
找不到重點的報告	**完整回應問題的報告**

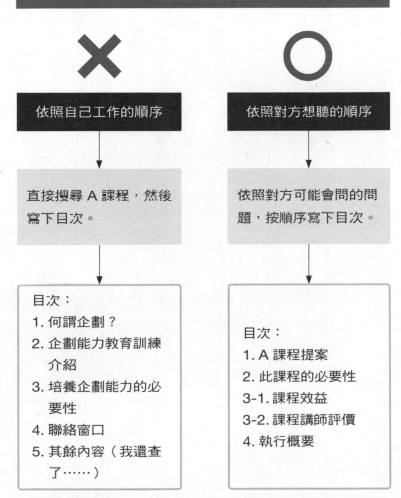

的回答。

圖表3-3左側雖然包含了「我這麼認真調查和整理這些內容」或「我懂這麼多」的心思，但得到的答覆卻是「沒問不想知」。這是最近十多歲韓國年輕人常用的流行語，意思就是「我沒問你，也不想知道」，當有人滔滔不絕的講著他們不感興趣的話題時，就會聽到他們回答：「沒問不想知！」

我在制定報告書架構時，會記住這個流行語。靜下心來想想，不管寫得再怎麼認真，只要對方沒問不想知，這一切都沒有意義。

如果說報告書的基礎在於告知，而最終目標是執行工作，那麼，圖表3-3的右側，就是藉由告知對方「你想知道的答案就是這個」（傳達在意事項的相關資訊），表示如果想要推動，只要這麼做就可以，並將這些內容整理成可以即刻實行的報告。

我努力調查、思考過了，你看！很多資料！VS. 我都整理好了，只差您的決策

前者的報告錯失了重點，後者則非常明確，因此，兩者推動工作的速度也有所不

同。與其因為對方沒看見自己的努力而傷心，不如將心思集中在執行業務上，這樣對自己也有利。撰寫報告書時，只要將對方的提問轉成目次，就能整理成下頁圖表3-4。

這裡將先前學到的結論「整理提問：結論、根據、計畫」當作基礎，只要像這樣將核心問題和主管提出的問題結合起來，訂出架構就可以了。最後，就會如我先前說明過的，變成「結論＝請求（最終想說的話）＝標題」。這種整理方式，讓人一看標題就能立刻明白要做什麼。基本框架可以整理成第一〇九頁之圖表3-5。總而言之，我們可以撰寫報告書的原則，整理成這樣：

何謂出色的報告書架構？

可自然理解的架構＝依照對方想知道的順序制定。

報告書目錄＝對方提出的問題。

最糟糕的架構是？

「沒問不想知」架構。

圖表 3-4　將對方的「提問」變成你的目次

提問		目次
提問 1 「進行？不進行？」	→	結論 1. A 課程提案
提問 2 「為什麼？」	→	根據 2. 此課程的必要性 80% 的員工表示撰寫提案書很難，請求提供相關教育課程。
提問 3 「真的嗎？」	→	案例 3-1. 課程效益（附上案例） 3-2. 課程講師評價
提問 4 「所以要怎麼做？」	→	執行 4. 執行概要

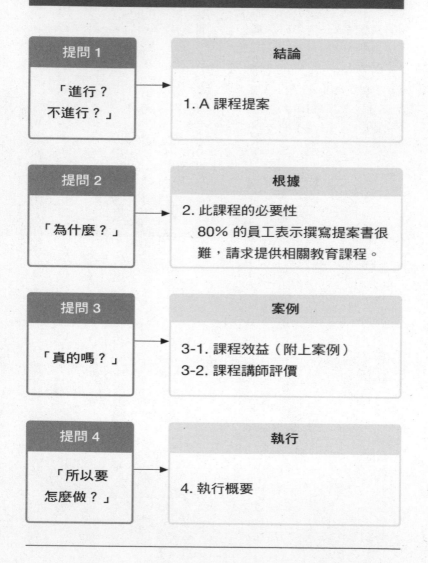

圖表 3-5　報告書的標題＝結論＝你想說的話

檢討報告書

A 課程提案

2021.2.23.
○○組○○○

1. 結論與根據

2. 教育訓練成功案例

3. 講師經歷與滿意度評價

4. 執行（授課對象、日期、地點、預算、課程時間表）

2

目次怎麼寫？在主管的提問中找答案

若你同意「報告書目次＝對方的問題」這個想法，那麼，你一定要更仔細的聆聽主管的提問，藉此節省你的時間和心力。很多人因為不想聽，所以只假裝有在認真聽，但我在這裡重申一次，我們必須為了自己而聆聽。

我們來看一個例子。

A課程之類的東西……先檢討一下再來報告。

主管這麼說時，如果你只是隨便聽聽，心想：「A課程？這個我早就知道啦。」

這樣寫報告，可能就會寫下這種東西：

A課程相關內容報告

1. 教育訓練內容。
2. 講師。
3. 費用。
4. 執行。

但是，這並非對方真正想要看到的東西。

交出去之後，主管可能會回應：「不是，我什麼時候說要推動A課程了？我不是叫你了解一下類似A課程的東西嗎？」所以，讓我們再更仔細一點，檢視主管究竟說了些什麼。

主管在意的地方

A課程之類的東西……先檢討一下再來報告。

這個人想知道什麼？答案是A課程之類的資訊。

說得更詳細一點，就是：「我需要像A課程『這一類』的教育方案，至於A課程，我已經知道了。

「但是，一、我無法確定這是不是最佳方案；二、我沒有時間去了解和分析，所以請你幫我和其他的課程比較。最後，再告訴我這是不是最好的方案，或是什麼才是最佳方案。」

那麼，在寫報告時，我們就必須先讓對方看到他最想知道的部分，也就是和同一類的東西比較。我們可以像下頁圖表3-6一樣比較優缺點。另外，也可以配合對方想要的三種課程核心要素（在此假設為是否有作品、費用及授課型態）等項目來呈現報告，並將重點部分的框線加粗，請見下頁圖表3-7。

圖表 3-6　和其他選擇作比較

	核心教育內容	優點	缺點
A 課程			
B 課程			
C 課程			

圖表 3-7　比較對方重視的要素

	作品	費用	授課型態
A 課程			
B 課程			
C 課程			

當然，在比較、展示完主管想知道的部分，也就是A課程與相似課程的優缺點之後，仍不能就這樣結尾，而是要利用 2What 法整理出 What → So what（請參考第五十六頁）。

「所以如何？」當主管這麼一問，就要說出自己推薦的選項。例如：「我推薦推行A課程。」接著，主管又會再問：「為什麼？」當他這麼一問，就要說出該選項的相對優勢，也就是你的推薦根據，例如：「在△△這個條件之下，〇〇課程較為出色，所以我推薦這個選項。」

也就是說，儘管該課程費用高於其他課程，若考量到成果，還是具有相對優勢。或者，如果各個課程都有不同的優點，也可以回應：「考量到我們的△△目標，〇〇課程比較合適。」藉此整理出符合目標的相對優勢。

最後，主管會問：「所以要怎麼做？」

如果決定要進行，只要說出什麼時候、要以多少預算執行即可。我們可以整理成像下頁圖表 3-8 一樣的形式。

然後，在整理報告書時，必須先說結論，所以這裡要稍微調整一下順序：

圖表 3-8　確定結論後，再提出方案

確定結論

A 課程 相關內容報告	1. 教育內容 2. 講師	3. 費用 4. 執行

↓

提出方案

1　你找過〇〇這類的資料了嗎？

利用表格比較不同教育業者

2　所以如何？／為什麼

提議／根據

3　所以要怎麼做？

執行計畫（使用六何法，或是寫下行程、預算、窗口等）

1. 你要我整理的事項（**標題**）。
2. 所以我提議要做的事（**結論**）。
3. 因為我覺得這點很棒（**根據**）。
↓用表格比較一下是否如此。
4. 所以只要你准許的話，我打算要這樣執行（**附上執行計畫草案**）。

只要按照這個順序，調整一下來撰寫就可以了。基本框架如下頁圖表3-9。

當然，也有人會爽快的說：「你要我了解一下類似A課程的其他選擇嗎？B課程最適合了！」然後只準備了一項案例來報告。

「我找到的是B，就是這個。」像這樣將自己找到的資訊當成最佳選擇，卻沒有附上任何解釋或根據，主管肯定會想問：「這為什麼是最佳選擇？」

想讓其他人相信你所說的是最佳選擇，該怎麼做？**一定要有事實比較，才能讓人合理接受**，你可以參考以下範例：

圖表 3-9　根據主管的提問，擬定報告書框架

檢討報告書

企劃能力課程討論事項

2020.2.23.
○○組○○○

1. 結論與根據

- 結論
- 根據

2. 與其他業者比較的相對優勢

名稱	課程內容	優點	缺點
A 課程			
B 課程			
C 課程			

3. 執行計畫（草案）

- 日期
- 地點
- 對象
- 時間

※備註事項

● 當我在比較A和B時，發現B比其他家便宜〇〇%。
● 正如您所見，雖然B比較貴一點，但產出的效率較佳。
● 正如您所見，雖然B比較貴一點，但考慮到三年後的情況，反而可以長期得到優惠，因而便宜〇〇%。

我並不是要你說出正確答案，但重點在於，你至少要說出有根據的最佳意見。對主管來說，即使這不是正確答案，但在聽完你的根據之後，他也能感覺出這是合理的判斷。

我們再做一項練習吧。

要如何在公司執行A課程，了解後報告。

若你收到了這項要求，對方想知道的資訊（核心問題）會是什麼呢？

主管在意的地方

要如何在公司執行A課程，了解後報告。

答案就是「如何」兩字。

若不先仔細思考過對方的問題，就會以自己習慣的邏輯，開始寫出「教育的目的是……」這種小說般的文章。至於目前，已經不必說服對方舉辦教育訓練，而是已經決定好要進行了，所以不用再提出為何要這麼做，只要回答「該怎麼執行」就好。

那我們就來思考一下對方會想知道什麼樣的資訊。

這套課程，要「如何」執行？

＝

- 什麼時候？
- 在哪裡？

- 以誰為對象？
- 幾個小時？
- 什麼樣的內容？
- 講師是誰（為何找他）？
- 費用？

試著將對方的問題整理成目次後，就能得出報告書的基本框架，請見圖表 3-10。

圖表 3-10　把主管的問題整理成目次

主管的問題	目次
什麼時候？	1.教育概要 ・日期
在哪裡？	・地點
以誰為對象？	・對象
幾個小時？	・時間
什麼樣的內容？	2.教育訓練內容
講師是誰（為何找他）？	3.講師介紹
費用？	4.預算

在這種已經對 Why 和 What 部分達成協議並定案的情況之下，你就只要整理出 How 的部分，並做成一份報告即可（見下頁圖表 3-11）。

圖表 3-11　要執行的案子，只需要寫出「怎麼做」

狀況報告

企劃能力教育訓練執行報告

2020.2.23.
○○組○○○

1. 教育概要

- 日期
- 地點
- 對象
- 時間

※備註

2. 教育訓練內容

3. 講師介紹

4. 預算

我認為在這種情況之下，要求新人一到公司或在轉職之後就立刻上手，自然有其難度。

每個主管提出的問題都不同，因此，新人當然會需要時間蒐集主管需要的資訊。

所以，在你自責「我怎麼這麼不會做報告」之前，先給自己多一點蒐集問題的時間吧！

3 可是，我聽不懂主管在問什麼？

說到這裡，每次上課，總會有人提出這種疑問：「可是……我聽不太懂主管在問什麼耶。」

你知道為什麼會有這種想法嗎？其實，就是因為那個人沒在聽，或是其實他根本就不想聽；不過，還有一個更大的問題，那就是——他完全聽不見。

你可能會想問：「聽不見？這是什麼意思？」意思就是，人類只會聆聽自己覺得重要的事情。

對於別人的碎碎唸，你會照單全收嗎？你會在聽完之後覺得「原來如此！我一定要照著做」嗎？其實，更有可能的是你早就聽到恍神了。為什麼？因為你覺得那些話不重要，所以根本聽不見；如果我認為某件事不重要，那不管別人再怎麼說，我還是聽不見。

這是真的嗎?其實,當我還在第一企劃(按:三星集團旗下的廣告營銷公司,韓國最大的廣告代理商)上班時,有過一有新專案,就被派到不同組的經驗。那三年來,我待過A組,去過B組,也去了C組;所以我曾在梨泰院(按:位於韓國首爾龍山區的著名商圈)上班,又曾去江南(按:首爾漢江以南的重要商業地帶)辦公,一直不斷被調到各種類型的主管下面工作。

當時,讓我覺得很有趣的一點是,每個主管注重和在意的地方都略微不同。舉例來說,有些人最注重於找出問題發生的原因,總會說:「成敗就在於最後找不找得到這個原因。」

有些人則認為想法都差不多,非常重視實務上的執行,他們會說:「工作到最後都是要呈交的,做出來的成果都差不多,差別只在於誰能在期望的時間內乖乖聽話、好好執行而已。」

另外,有些人非常重視「這究竟是什麼」的精準定義,所以習慣說:「好,我們再整理一次,一定要更精準的解釋出,這是什麼意思才行。」當然,也有一些主管會說：「夠了，預算最重要。」

如果是自己重視的部分，他們都會給予非常敏感的反饋，至於其他部分就會大致略過。所以，我曾照著A主管最初教我的做法，來到B主管的小組，卻得到了「這報告根本沒有任何內容」的反饋。

這就是因為，A主管極為重視策略，因此非常注重該如何深入使用各種因素；但是，B主管對策略沒什麼興趣，反而注重細節上的執行。因為他們彼此重視的東西不同，所以常常會發生這種情況。

簡單來說，主管問「這個東西為什麼是那樣」的時候，有些部屬會覺得：「不是，現在幹麼問『為什麼』啊？要是有思考的時間，倒不如趕快計畫一下該怎麼做，然後趕快執行，真是悶死人了。」

部屬如果這麼想，就不會回答主管想知道的「為什麼」，或是只會敷衍了事、隨便回答，因為他並不認為這很重要。

那麼，很想知道「為什麼」、期待收到整理報告的主管，要是收到上面滿滿的寫著執行計畫的報告書，自然會覺得：「上面就只有計畫，完全沒提到『為什麼』要這麼做的邏輯嘛！」並感到大失所望。

但是，這不是因為你的報告書寫得不好，只是彼此重視和想要的內容不同而已。

相反的，如果主管問：「你來說說看，**到底要怎麼**執行。」部屬卻心想：「不是啊，就連問題是什麼都還沒定義出來，要我怎麼訂定計畫啊？應該要先一起討論該如何定義問題吧！」並向主管表示「我試著再多整理了一下這個問題」。

主管想要的明明是執行計畫，部屬卻做了有關「為什麼」的報告，主管當然會說：「我以為你會拿執行計畫過來，你這段時間究竟在幹什麼？」會發生這種誤會，是因為身為聽者的部屬更重視的是 Why。

人們通常會認為自己所想的部分比較重要，其他部分便容易忽略。正因為我們是這麼想的，所以在整理內容時，也會以自己重視的東西為主軸，因此，有些人會說，一份報告的成功與否，取決為是否有定義問題；另一些人則說，錯，成功來自於是否有實際執行。

哪一個是正確的？我認為根據決策者的不同，最重視的面向也會有所不同。當然，如果彼此重視的部分相同，那就太好了，但如果並非如此，就會因為報告的重點不同而導致失敗。

那麼，以本質上來說，報告書是要寫給對方看的，所以當然要以對方重視的東西為主來撰寫才對。自己非常重視的東西，對方可能認為一點也不重要，而那些被我完全忽略的部分，對方若沒聽到，很可能就會覺得他根本沒收到報告。

也不見得非得是報告才會如此，如果交換立場，我向某人提問，卻聽到對方一直談論些無關緊要的事，那會有多鬱悶啊！

「雖然你可能覺得那些事情很重要，但我想知道的是其他部分。」只要想像一下這個情境，就會覺得配合對方的要求開口，是再理所當然不過的事了。

韓國的文學評論家兼作家申亨澈曾在《正確的愛情實驗》一書中提到：

一起看完韓國科幻電影《末日列車》之後，如果要求大家試著用一句話，替這部電影做出摘要的話……。

馬克思主義者開口說道：「這是關於一輛火車突破冰層、衝向前方的故事。」

接著，神話學家會反駁：「才不是，這是火車繞著地球運轉，每年都會回歸一次原位的故事。」

最後，佛洛伊德主義者聽完便立刻表示：「是嗎？這不是火車到了極點，就會在那一瞬間爆炸的故事嗎？」

雖然他們看的是一樣的東西，卻會因為彼此思考的觀點、重視的知識不同，而整理出不同的摘要。如果你能認同這項事實，就能明白，硬要堅持自己的風格，真的很沒效率。因為大家要一起工作，所以互相理解、配合彼此，也很理所當然。

本書中一直使用「訓練」兩字，是因為執行公司業務，其實不需要太過專業的知識或技能，在大部分的領域上，只要透過學習和訓練，即使一開始不太熟練，最終還是有辦法完成；當然，也有強烈要求專業能力的業務，我在這邊指的是一般事務工作，尤其是報告這項職責。

所以，其實「與聽者在工作上多有默契」似乎也和報告的專業度一樣重要。掌握對方的行事風格和注重的面向，也可說是核心實力之一。自己也能報告得很好？獨自練習報告技巧？反正每一份報告書都差不多？這些都是不像話的想法。我必須再次強調，**報告的完成度取決於聽者**。

話雖如此，你要怎麼知道對方重視某個部分呢？報告書的歷史非常悠久，所以一般來說，大部分的報告書，都有一個標準的目次架構，因此，我們將在後面提到各類型報告的標準架構。

雖然你可能會想：「不是，那你應該一開始就跟我們說有這種東西啊！」但是，如果不了解原理，就無法依據情況或聽者做出變化。報告這個領域，沒有正確答案，你需要懂得應用和變通。

4

報告書架構標準方案，讓你直接套用

從現在開始，我會將公司常用的報告書大致劃分為八種類型，提出「報告書架構標準方案」。但這並不是正確解答，你必須配合實際狀況自行變化使用。如果你們是以整個團隊或公司為單位，一起閱讀這本書的話，那我希望你們能以這本書作為基礎，將所有員工聚集起來，讓他們試著運用下列三個階段。

1. 掌握正在撰寫的報告書名稱。

因為報告書有很多種類，請確認是否每個人都以同樣的名稱，命名各種報告書。若彼此使用的名稱不同，就會拉低工作效率；另外，如果發現名稱有重複，就先歸納一下，再開始動筆吧！

2. 統一報告書名稱。

如果大家都使用相同名稱，就能做出「A報告書就拜託你了」這種明確的要求，而明確的要求，能提升引導出正確結果的機率。

我在寫書的過程中也做了調查，發現即使報告書的名稱相同，各公司希望員工撰寫的內容也可能不同。考量到這點，若能同時賦予「A報告書是用來回答C問題」這樣的名稱和意義，大家做起事來都會輕鬆許多。

3. 協調並決定各項報告書的架構、用語和形式。

現在，我們就以本書內容作為基礎，協調並決定一下各項報告書中該使用的架構、用語及格式（如字型、色調等）吧！有了統一的架構，就能將原本用來煩惱報告書外觀的時間，拿來思考裡頭的內容，進而提升工作品質。

你可能會想，有必要嚴謹到連格式都統一嗎？據說，美國國際金融服務公司摩根史坦利（Morgan Stanley），甚至還詳細訂出 Excel 試算表的填寫規則，要求全球分公司都必須按規則執行業務。只要使用相同的形式，就能提升工作效率，所以，我們應該致力於減少因彼此詮釋不同而造成的誤會。

比起在統一完報告架構後就馬上定案，我建議先在一定期間內，試著套用於現行作業上，接著再約一天召開後續會議，了解實際運用上遭遇的問題，經過修正、補強後再定案。

因為，一旦敲定「未來必須按照這種方式執行」之後，即使之後發現不太符合公司需求，也只能硬著頭皮、心想「沒辦法，也只能照著寫了」，發生這種本末倒置的情況。

報告書分兩種架構，依主管偏好替換使用

依照主管的優先順位，報告書大致分為以下兩種架構：一、主管對於案件沒有相關背景知識，希望能**從問題點和原因開始逐步理解並聽取意見**；二、雙方已經交流過彼此的想法，希望能**迅速導入正題**。

1. 從問題點開始逐步理解：適用於大型或更深入的報告。

狀況 → **建議**

發生什麼事？ 所以要怎麼做？

2. 迅速導入正題：適用於一對一報告。

結論 → **根據** → **執行**

先說結論。 為什麼？ 所以呢？

如果有充裕的準備時間、需要在很多聽眾面前做口頭報告，或是主管要求你做更深入的報告，要採用第一種架構；相反的，在只有一、兩分鐘可以報告、對方只想聽到答案，或是一對一報告的情況之下，最正確的方法就是採用第二種架構。

這兩種架構可再依主管的細心度，劃分出四到八個目次。只要知道主管是想要粗略聽個大概的類型，還是想要一一詳細聆聽的類型，再根據偏好，選擇適合的格式撰寫即可。

首先，是第一種架構，也就是從問題點開始理解的架構。

你可以像下頁圖表3-12所示，將兩個核心問題，分成四個大目次，然後再細分為八個詳細目次。

A方案

①〔狀況〕「發生什麼事？」遇到了這種狀況。

②〔建議〕「所以要怎麼做？」就這麼做吧。

B方案

①〔問題〕「問題出在哪？」遇到這種問題。

②〔原因〕「為何如此？」這就是原因。

③〔解決方案〕「對策是什麼？」我預計要這麼做。

④〔成效〕「預計會有什麼成效？」會產生這種結果。

圖表 3-12　從問題點劃分目次

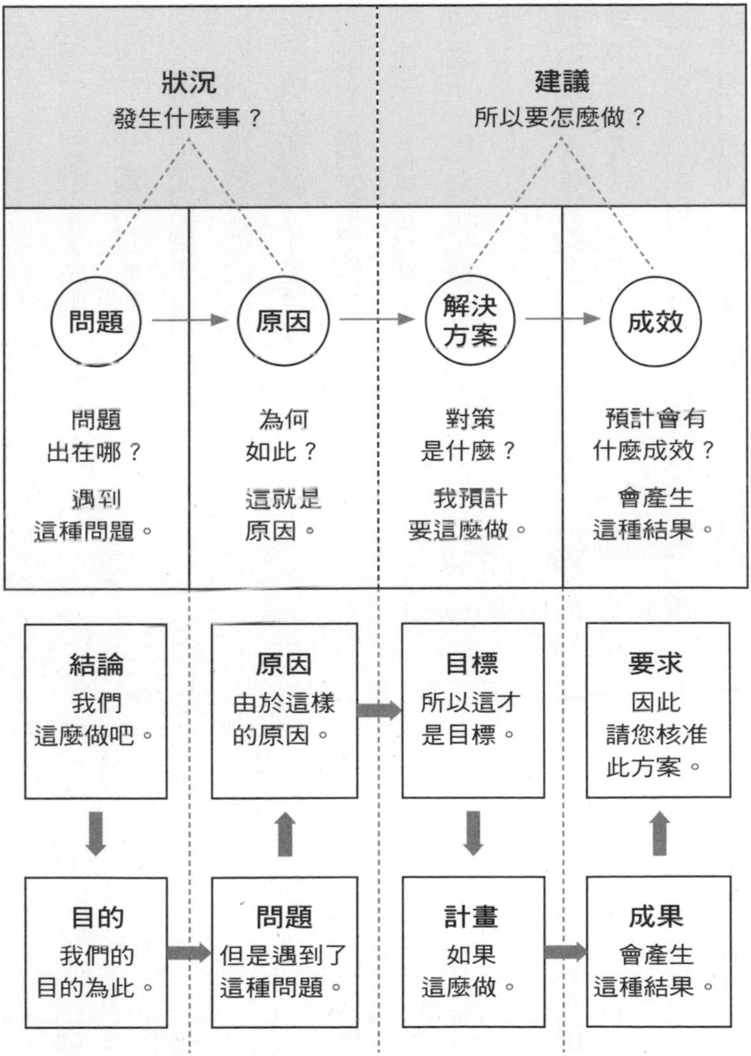

C方案

①〔結論〕我們這麼做吧。
②〔目的〕我們的目的為此。
③〔問題〕但是遇到了這種問題。
④〔原因〕由於這樣的原因。
⑤〔目標〕所以這才是目標。
⑥〔計畫〕如果這麼做。
⑦〔成果〕會產生這種結果。
⑧〔要求〕因此請您核准此方案。

雖然我個人比較喜歡B方案，但並非所有主管的風格都和我一樣，因此，我列出了三種版本，你可以切換使用。

接著是第二種架構，也就是迅速導入正題的架構。

你可以像下頁圖表3-13一樣，將三個核心問題細分為四個大目次和七個詳細目次。

圖表 3-13　從結論劃分目次

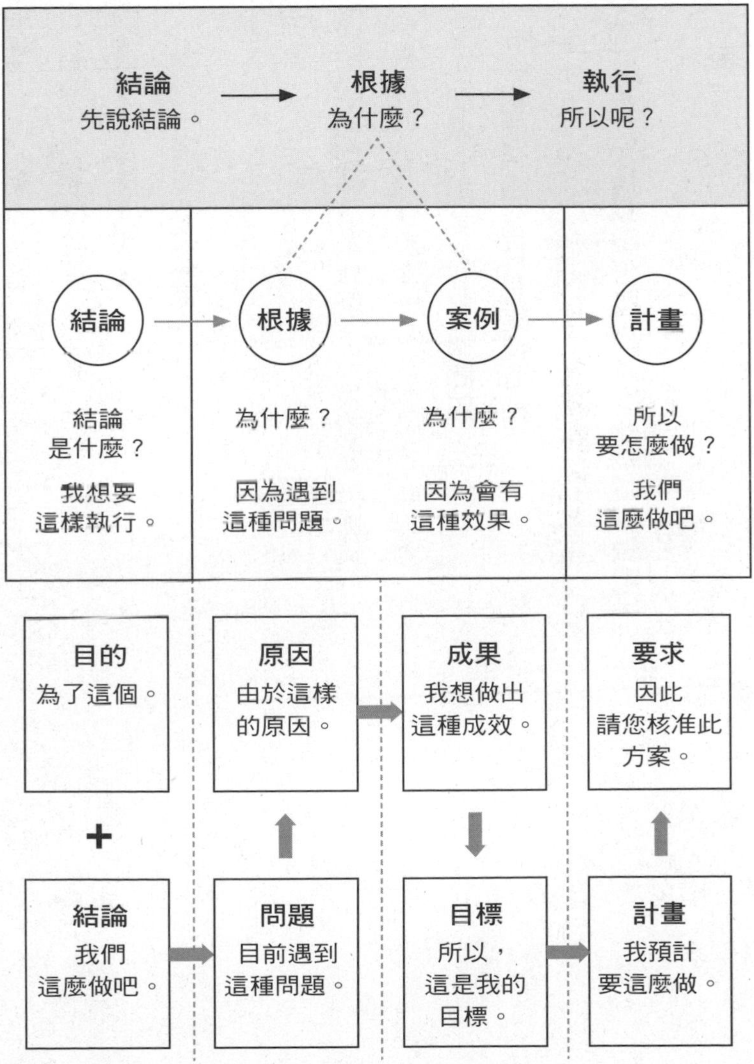

A方案

①〔結論〕先說結論。

②〔根據〕為什麼？

③〔執行〕所以要怎麼做？

B方案

①〔結論〕「結論是什麼？」我想要這樣執行。

②〔根據〕「為什麼？」

a〔問題〕因為遇到這個問題。

b〔案例〕因為會有這種效果。

a＋b＝因為這個問題，會產生這種效果。

③〔計畫〕「所以要怎麼做？」我們這麼做吧。

C方案

①〔目的＋結論〕為了這個，我們這麼做吧。
②〔問題〕目前遇到這種問題。
③〔原因〕由於這樣的原因。
④〔成果〕我想做出這種成效。
⑤〔目標〕所以，這是我的目標。
⑥〔計畫〕我預計要這麼做。
⑦〔要求〕因此請您核准此方案。

如果將C方案的基本項目，整理成實際報告書，就會如下頁圖表3-14所示。大部分的報告都可以按照這個表格製作，不需要做太大的變化，但仍請依工作種類、公司氛圍，以及最重要的報告目的作修正，制定標準後再使用。

豐田使用的報告書，有一項我覺得非常有意義的堅持：為了不讓報告書流於形式，豐田人經常在執行完目標任務後，以執行前作為對比，透過比較數據，看看改善了多少（圖表3-14第七點）。

圖表 3-14　最基礎的報告書目次

預期的問題	目次	內容
「先說結論。」	1. 結論	・用一句話回答主管的提問。 ・用一句話說明你的要求。
「為什麼要這樣子做？」	2. 目的／檢討背景	為了避免不小心寫下長篇大論，先確認執行本案的動機： ・目的及背景。
「現況如何？問題在哪裡？」	3. 現狀／問題	歸納目前的狀況、遇到哪些問題： ・比較數值（和目標相比、和競爭公司相比、和過去相比等）。 ・歸納外部變數造成的問題（競爭公司動向、趨勢變化、環境變化等）。 ・歸納內部問題（沒效率的訪談或問卷調查等）。
「為什麼會發生那種事？」	4. 問題／原因	找出造成這種狀況的問題，以及隱藏在問題中的原因： ・以事實為基礎，提出原因或推定原因。

（接下頁）

預期的問題	目次	內容
「要做什麼？」	5. 目標需包含的任務／對策／建議	決定要做什麼、做到什麼時候，和什麼範圍： ・提出的目標可包含需要達成數值。 ・附上詳細任務、對策或建議。
「要怎麼做？」	6. 執行計畫	具體說明該花多少費用、由誰負責、進行到什麼時候： ・附上預算、聯絡窗口、行程等資訊。
「做了之後會有什麼收穫？」	7. 預期成果	執行後預計會得到的成果： ・執行前後的數字。
「你會需要我做什麼？」	8. 要求、他組協調事項	・主管必須做出決策的事項。 ・希望主管幫忙處理的事項。

圖表 3-15　報告架構的核心

當結果不夠完善時，會試著掌握原因（圖表 3-14 第四點）、重新設定目標（圖表 3-14 第五點）。若能得出滿意的結果，就會在內部共享並落實該方法。像這樣，公司統一使用的一頁報告書，可以確實提升工作效率。

還有，各位請務必記住，不要糾結於「目次一定要這樣寫」的規則上，最重要的是，報告要符合主管的提問。簡單來說，報告架構的核心在於，你是否能**將業務執行上最需要的資訊，整理成最容易理解的順序**。

其實，所謂擅長做報告的人，他們的長處並非在於很會說話或寫作，而是能提供業務執行所需的情報，他們是讓工作得以順利推動的人。

以前面的提問為基礎，我們可以根據報告目的，

圖表 3-16　8 種目的不同的報告書

主管交付的業務	可套用的報告書類型
「檢討後給我意見。」 收到檢討業務，提出意見改進。	檢討結果報告書
「發生什麼事？」 傳達現狀資訊。	狀況報告書
「這件事要怎麼做才好？」 傳達現狀資訊後，提出改善方案建議。	業務改善報告書
「這個案子你先去想一想。」 **「給我一些相關的想法。」** 提出意見及說服。	建議報告書
「告訴我你要如何執行。」 共享詳細執行計畫。	計畫報告書 （執行／活動報告等）
「出差怎麼樣了？」 **「和其他廠商見得怎麼樣了？」** 告知出差時的成果／告知會見後狀況。	出差報告書 （接觸報告）
「幫我把會議的重要內容做成摘要。」 傳達會議內容。	會議報告書
「那個案子怎麼樣了？」 報告最終結果。	結果報告書

把報告書分成八種（見上頁圖表3-16）。接下來，我們將認識不同類型的報告書，在架構上有什麼樣的變化。

5

檢討報告：附上根據，增加結論可信度

我訪問過的那些部門主管，他們對於檢討報告書的定義也不盡相同。本書將檢討結果報告書定義為，當主管對於某個案子提出「你先去檢討一下這個案子，再告訴我意見」的要求時，用來彙整自己意見的報告書。

明明只要在報告中寫出自己的意見就好了，但要做好還真是不容易。不過，只要我們一步一步的思考原理，就會發現撰寫檢討報告書其實非常簡單。

檢討結果報告的基本流程是什麼？主管很可能會先拋出「結論是什麼」這種問題，也就是說，主管想知道你在檢討完相關資料後，得出的結論是要執行、還是不要執行。

你一說完結論，主管又會立刻反問：「為什麼？」因此，身為部屬，當然應該先準備好你的根據。

當你說完根據，對方還會問：「真的嗎？」所以你還必須準備好案例，像這樣說服主管之後，才有辦法執行後續作業。總而言之，你要寫出來的報告書，只要可以回答「該怎麼做」這個問題就行了。

你可以試著像這樣擬定目次（見下頁圖表3-17）。

只要思考一下流程，你就能發現，檢討報告書的核心問題，在於這個問句：「**真的嗎？**」

也就是說，主管想要知道的，就是部屬提出的結論「是不是真的」。因為，要求你檢討案子的主管，心裡其實很不安，他不知道究竟要不要執行該業務。執行了，搞不好會浪費經費，但假如不執行，說不定反而會錯失一個好機會。

因此，主管需要得到一個可以消除那份不安的句子，像是：「是的，從各種根據和案例上來看，真的是那樣。」

因此，在檢討結果報告書中，為了增加結論可信度，擁有確切數據的根據或案例就變得非常重要。

圖表 3-17　先說結論的檢討報告書目次

預期主管會提出的問題	目次
「先說結論。」	結論（用一句話整理出意見）
「為什麼要這樣做？」	根據
「真的嗎？」	案例
「所以該怎麼做？」	計畫

結論、根據、案例和計畫，是我平時經常練習撰寫的項目。我也曾經認為，要找直接切入正題非常困難，所以，如果覺得需要簡單整理一下時，我就會先在腦中下意識的問自己：「所以結論是？」並努力用一句話總結答案。

當我整理出「結論就是這個」之後，就會用「為什麼」來尋找根據和案例，並歸納出該如何執行的計畫表，逐漸養成這種習慣。

當然，如果主管手邊的相關資訊不多，或是平常很少討論這份報告的話，你就必須更體貼一些，在最前面放入「檢討背景」（為何要檢討）這個項目來提醒對

圖表 3-18　很久沒討論，要先提檢討背景

預期主管會提出的問題	目次
「為什麼要做這件事？」	檢討背景
「哦，那個啊！先說結論。」	結論（用一句話整理出意見）
「為什麼要這樣做？」	根據
「真的嗎？」	案例
「所以要怎麼做？」	執行／計畫

方，那麼，目次就會變成圖表3-18。

有一段時期，上班族都傾向於將所有資料，全部照打在企劃書中，因為這麼做，內容看起來比較豐富。

但是，除了筆者本人之外，沒有人說得出裡面有哪些內容，因為不容易閱讀、很難被人記住，所以企劃也變得難以執行。

寫出長篇報告書看似很厲害，卻可能害主管連要執行什麼內容都搞不清楚。再嚴重一點的話，面對「這份企劃書到底是在說什麼」這種問題的時候，筆者自己搞不好也答不出來，因為他為了蒐集並貼上這些資料，自己的大腦早就筋疲力盡了。

後來，所有人都因為長篇企劃書和報告書而感到疲憊不堪，案子也毫無進展，所以職場上慢慢出現「如果有話想說，就寫成一頁報告書吧」這樣的聲音。

假設你的公司也遇到了同樣的情況，而主管要你負責「檢討公司是否應統一撰寫一頁報告書」，那麼，檢討報告書該怎麼寫才好呢？

我們現在就到下一頁看看，依照前方目次所寫出的一頁報告書①，然後再到第一五二頁的一頁報告書②，學習該如何填寫各個項目。

一頁報告書 ①

檢討報告書範例

2021.02.26. 企業策略組　朴信榮組長

1. 結論	為達成 2021 年公司改革任務「簡化公司內部報告」，**推動統一使用一頁報告書。**
2. 根據	**長篇報告的三項缺點：** 1. 造成不必要的工作：為了製作出過於精美的 PPT，而增加加班時數。 （2021 年工作改革問卷：加班原因第 1 名〔64%〕為製作 PPT。） 2. 沒有工作效率：開會時以 PPT 報告為主，會妨礙討論及做出決策（本末倒置）。 3. 浪費經費：每年耗費 5 千萬張印刷用紙，亦消耗許多墨水（去年需求數量）。
3. 案例	**1. 豐田：** 全公司 30 萬名員工，統一使用一頁報告書。 → 開會時只需花 3 秒鐘，就能迅速做出決策。 **2. 現代信用卡：** 全公司舉辦「Zero PPT」活動。 → 費用減少○○元，會議時間減少△△%。

（接下頁）

<table>
<tr><td></td><td>3. 亞馬遜（Amazon）：
2013 年起，禁止使用 PPT，要求全體員工寫出 6 頁筆記。</td></tr>
<tr><td rowspan="2">4. 執行</td><td>〔統一使用一頁報告書〕將分為四階段執行：
<table>
<tr><th>Plan</th><th>Do</th><th>Check</th><th>Action</th></tr>
<tr><td>依報告書種類，標準化所有類型的一頁報告書</td><td>發布改革消息，全公司統一</td><td>套用後，進行問卷調查，藉此修正、補強</td><td>定案，全體員工內化並實行</td></tr>
<tr><td>期限</td><td>期限</td><td>期限</td><td>期限</td></tr>
<tr><td>負責人</td><td>負責人</td><td>負責人</td><td>負責人</td></tr>
</table>
</td></tr>
<tr><td>預算：總共需要多少？（附上詳細明細）</td></tr>
</table>

一頁報告書 ②

檢討報告書框架

把標題寫成「為〇〇（目標）的△△檢討案」，
讀者就能輕易理解。

日期、部門、姓名、職位

1. 結論	**「先說結論。」** ・將結論歸納成一句話。（做？不做？面對主管的問題，用一句話來回答要怎麼做） ・簡單加入目的，寫出的結論會更容易理解。（為了〇〇目標，推動△△檢討案）
2. 根據	**「為什麼要那樣做？」** ・不要將所有意見的相關合理根據，寫成一長串字，先編號，再依項目分類，並於各項目提出數據和案例參考。
3. 案例	**「真的嗎？」** ・不要將實際案例寫成一長串字，寫成〔誰〕做了什麼事、得到了什麼結果，並依各項目分類。
4. 執行	**「所以該怎麼做？」** ・將執行計畫分成各個階段，並做成表格。 ・填入行程、聯絡窗口和預算。

在一頁報告書①中，有些部分以粗體標示，而讀者就算只看那些粗體字，也能明白：「啊，原來是要提議做這件事，是由於這個原因，還有三個案例……。」

所以，讓我們寫成如一頁報告書①一樣，可以讓人一目瞭然的報告書吧！我曾問過一起共事的部門主管，他們想要看到哪種報告書，而很多人的回答都是：「光看標題就能理解的報告書。」

我以前曾聽負責批改論文、文章的人說，如果光看標題、小標題就能抓到整體文章的感覺，這篇文章就暫時合格了；相反的，如果完全看不下去，整篇文章都沒有顯眼的標題，就會直接淘汰。如果連半個粗體字都沒有，全部只用相同字型，就這樣寫成一大篇文章的話，他可是完全讀不下去。

這裡的核心在於視覺化，現在我們知道了視覺化的重要性，請試著有節制的標示出各項目的核心重點。我們可以從範例中看出，在寫根據時，按照項目分類寫出來，反而比一長串文字更值得信賴；因為這不是偏重於單一根據而做出的狹隘判斷，反倒讓人感到信任，認為這是你從各種角度觀察過後，才做出的合理決策。

例如，當主管要你針對某個案子，提交「事業可行性檢討報告書」時，比起只寫下一句「從這方面看來，前景很好」，你應該要先列出「從A方面來看、從B方面來看、從C方面來看……」，藉此建立主軸後再說明。這麼做，既能讓人信賴，也更容易理解。

無論是在哪個面向，都應該平等的並列架構項目。舉例來說，如果主管說的是：「我們來推動這項事業吧！」那你就應該以「由於從3C（按：指客戶、本公司、競爭公司）層面看來不錯」、「從3T（按：指趨勢、時機、目標）層面看來不錯」這種方式說明。

相較之下，一頁報告書①使用的範例，就是從工作量、工作效率及費用等方面著手。因此，在蒐集完根據後，你必須先設定出看起來最合理的主軸，再寫下內容。

6

狀況報告：根據情況是否危急，結果大不同

接下來，我們來看看狀況報告書該怎麼撰寫。

你覺得狀況報告書的核心問題會是什麼？其實就是：「**什麼事？**」

沒錯，就是這個，你必須要準確的告知對方，究竟發生了什麼事。

告知完發生什麼事之後，接下來的內容會根據實際狀況而有所不同。首先，如果必須迅速傳達現況，可以只在報告書上寫下發生的狀況。

但是，如果聽者大致了解發生什麼事，他收到這種報告，可能會覺得：「大家都知道出了什麼事，重點是到底為什麼會發生那種事。」

因此，你必須寫下事情發生的主因，以及有什麼應對方案；也就是說，寫報告時，必須先判斷較重要的是迅速性還是準確性，因為依據不同特性寫下的目次，也會

有所差異。

假如主管要求你盡快交出報告的話，你可以使用下頁圖表3-19的架構。相反的，假如這份報告並不急，反而比較講究準確性，你可以參考下頁圖表3-20。

接下來，讓我們透過範例來了解一下。

為了方便理解，我們就先從日常生活中的案例開始說起，假設我必須將我的親身經歷，寫成一份狀況報告書。

在幾年前的某一天，我的手臂突然動不了了。明明就是我的身體，卻無法按照我的意志行動；頸部也痛得非常厲害，坐著痛、躺著痛，就算不動也會痛，讓我不禁眼淚直流。

為了這個突發狀況，我去了好幾間醫院，最後才得知，因為我的姿勢不良，形成烏龜頸（按：頸部前傾、變得如烏龜的脖子，多為姿勢不良、長期使用電腦、手機所導致）後壓迫到神經，手臂才動不了。

在知道什麼是烏龜頸之後，我回顧了一下自己的生活習慣，才發現上班的時候，我總是以縮頭烏龜的姿勢寫企劃案；即使離開了公司，也總是彎著頸子寫書。

圖表 3-19　以迅速性為優先的情況

預期主管會提出的問題	目次
「你快去了解一下， 再告訴我發生了什麼事。」	狀況／問題
「為什麼會發生那種事？」	（推定的）原因
「所以現在要怎麼處理？」	應對方案

圖表 3-20　以準確性為優先的情況

預期主管會提出的問題	目次
「發生了什麼事？」	狀況／問題
「好，為什麼會發生那種事？」	原因
「所以已經做了什麼處置？」 「之後要怎麼處理？」	應對及未來解決方案
「你需要我怎麼做？」	執行時的要求事項

我通常一坐在書桌前，開始寫書或寫企劃案，就不會再移動了。幾乎都是吃完晚餐就坐下，再一路寫到早上，連做伸展運動都覺得浪費時間。另外，我習慣躺在高一點的枕頭上，這樣才有辦法入睡，但我後來發現，這也是造成烏龜頸的原因之一。

我不僅會低著頭使用手機，因為太累，所以不管是坐著還是站著，我都經常彎腰駝背，這樣的姿勢都會導致烏龜頸的形成。除此之外，見到其他人的時候，我也常因為害羞而無法抬頭挺胸，反而一直維持駝背的姿勢。

所以，像這樣二十四小時都低著頭生活，我沒有烏龜頸才奇怪吧？

我找了一下「烏龜頸怎麼了？這個姿勢又怎麼了？」等問題，發現正常頸部承受頭部的重量差不多是五公斤，而烏龜頸必須承受的頭部重量卻高達二十到三十公斤。無時無刻都要頂著三十公斤的重量生活，頸部會疼、肩膀會痠痛，甚至會壓迫到神經，這不是理所當然的嗎？

由於神經被壓迫，我的手臂大約有兩、三個月都動彈不得，一直到我每天都勤勞的去醫院治療後，手臂才變得能夠動作。

只要想起那三年間，花費在頸部矯正治療上的時間和金錢，就讓我想哭到說不出話來，因為當時的狀況，簡直就是叫我一賺到錢，將立刻把錢捐給醫院，然後不斷持續這個循環。

除了錢的問題之外，身體實在是太痛苦了。不只是頸部疼痛而已，肩膀也會痠痛，還會頭痛；當時，我吃了很多頭痛藥，吃到都快吐出來了，不管是工作還是生活，都變得非常辛苦。

這是長時間姿勢不良累積下來的病症，很難一夕之間好轉，一定得經過一段漫長的姿勢矯正過程，才有辦法痊癒。

作為一個曾因頸部問題而受苦的人，我現在只要一見到人，就會先看對方的姿勢。在經常使用智慧型手機的當今社會，我發現大家的頸部，似乎都有朝烏龜頸邁進的趨勢。

尤其在搭地鐵時，看到那些為了看手機而把脖子彎成烏龜頸姿勢的人，我就會感到一陣暈眩，很想放聲大喊：「各位，再這樣下去你們就會搞出烏龜頸，還可能會有頸椎椎間盤突出的問題哦！那真的很痛！而且還要花很多錢治療！」

假設你為了矯正而接受操作治療（按：又名徒手治療，物理治療師、按摩師、整脊師採用的基本物理治療法），以一次十五萬韓元（按：全書韓元兑新臺幣之匯率，皆以臺灣銀行在二〇二一年十二月公告之均價〇．〇二一元為準，約新臺幣三千元）、一週治療兩次來計算的話，等於一年就要花費一千五百六十萬韓元（按：約新臺幣三十二萬元）；不過，你可以到處問問，其實有套裝價，也有保險優惠。

我們試著以這種情況，寫一份狀況報告書吧！當你收到「大家為什麼會這麼不舒服？你去了解一下烏龜頸吧！」這項要求時，該如何將我前面所說的長篇大論，整理成一張紙呢？

現在就來看看一頁報告書③的範例，接著再到一頁報告書④（第一六四頁），看看該如何填寫各項要素。

一頁報告書 ③

狀況報告書範例

2020.02.23. 經營支援組　朴信榮副理

1. 現狀／問題

1. 烏龜頸患者增加：五年之間增加 30 萬名，現為 270 萬名。

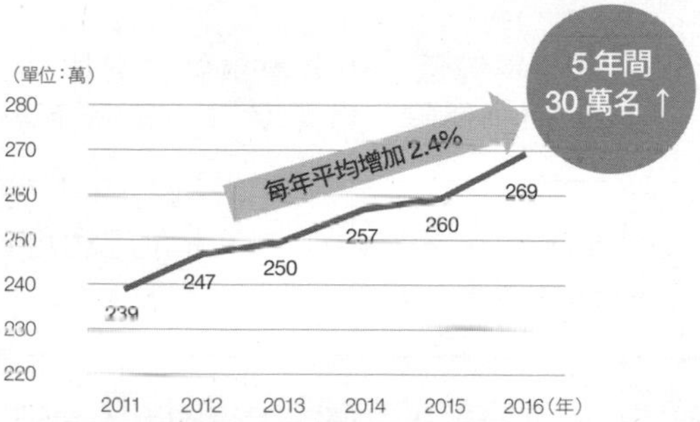

（圖表來源：國民健康保險公團之健康保險大數據分析結果，2018. 02. 25.）

2. 烏龜頸治療費用增加趨勢：2016 年治療費 4,412 億韓元（占年平均 5.8%↑）。

〔案例〕朴姓患者一年治療費約為 1,500 萬韓元（度數治療一次 15 萬韓元×一週 2 次×52 週）

3. 烏龜頸相關病症增加：肩頸疼痛、慢性頭痛及疲勞、手臂麻痺等。

→ 情況嚴重時會發展成頸椎椎間盤突出：頸椎椎間盤突出患者，5 年來增加 14%（193 萬名）。

來源：健康保險審查評價院（2016）。

（接下頁）

2. 原因	因使用智慧型手機和電腦造成的姿勢不正。 〔頸椎於各角度的負重〕 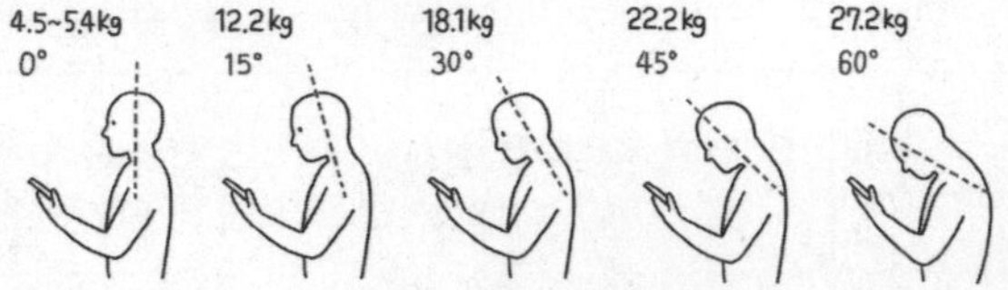 頭彎得越低，頭部重量就會增加 4～6 倍。 → 肌肉僵硬、骨頭變形、壓迫神經。
3. 方案	名稱：必須抬頭挺胸，人生才會舒暢：烏龜變人類專案（草案）。
4. 方案細項	**1. 實際生活中需要實行的五大習慣：** （1）操作電腦時： 1）用電腦時要抬頭挺胸 → 每過 1 小時，花 5 分鐘舒展肩膀並抬頭往上看。 2）購買螢幕支架 → 將螢幕調整至配合眼睛的高度。 （2）在智慧型手機上看影片時： 1）將手機拿到眼睛的高度。 2）每看 30 分鐘就花 5 分鐘舒展肩膀並抬頭往上看。 （3）睡覺時： 1）枕頭太高會於睡眠期間形成烏龜頸並增加疲勞 → 使用較低的枕頭。

（接下頁）

<table>
<tr>
<td></td>
<td>

枕頭太高　　枕頭高度適中

2）使用穀物做成的肩頸暖暖包，在睡覺時熱敷。
（4）行走或坐下時：
行走或坐下時要抬頭挺胸。
（5）平常時：
1）轉動肩頸部位、伸懶腰拉筋、看向天化板。
2）每天貼著牆壁站 10 分鐘，讓身體習慣正確姿勢。
※若想了解更多資訊，可閱讀韓國教授鄭成根撰寫的《百年頸》一書。
2. 預算：共 92,500 韓元（螢幕支架 30,000 韓元＋枕頭 45,000 韓元＋書 17,500 韓元）。
3. 窗口：自己本人。
4. 期限：一週內完成採購，此後終生實踐。
</td>
</tr>
<tr>
<td>5. 要求</td>
<td>正在閱讀本書的讀者，請立刻轉動肩膀10 次。</td>
</tr>
</table>

來源：Hansraj, K. K. 2014 Assessment of stresses in the cervical spine caused by posture and position of the head. Surgical Technology International, 25, 277-9.

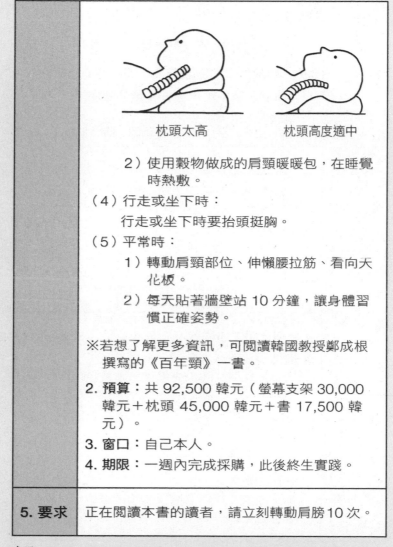

一頁報告書 ④

狀況報告書框架

把標題寫成「關於〇〇的狀況報告」，同時必須包含可以了解狀況嚴重性、重要程度的數據。

日期、部門、姓名、職位

1. 現狀／問題	「什麼狀況？」 1. 〇〇狀況（整理成名詞狀態）： （1）詳細內容寫成句子（X） 編號並依項目排序（〇） 分類之後再填入表格中。 （2）為避免成為單純的個人主張，必須同時標上根據（數值與圖表）的來源。
2. 原因	「為何會發生那種狀況？」 1. 用一句話歸納出原因。 2. 若有好幾個原因，先編號，並依項目排序後填寫。 3. 附上有助於了解原因的圖片，以及證明原因的數據和參考資料。
3. 方案	「要怎麼做？」 1. 用一句話，歸納出解決方案的關鍵字，裡面要包含目標。

（接下頁）

	2. 若有好幾個原因，依照原因編號順序，分別寫上各自的解決方案；根據實際情況不同，即使有好幾個原因，也可用一句話歸納出關鍵字。 3. 因為這只是提案而非定案，因此，要在標題後方加上「（草案）」。 4. 若原因為不可控制的變數，那就寫上：解決方案（×）應對策略（○）。 5. 最後，附上有助於理解內容的核心圖片。
4. 方案細項	1. 分出階段、範圍，編號後填寫。 2. 執行時的預算、窗口、行程。
5. 要求	「為了執行計畫，你需要我怎麼做？」 1. 歸納出要向主管提出要求的內容。 2. 歸納出要和其他團隊協調的內容。

在寫問題（狀況）時，如果只有寫上數字，對方很可能會問：「那是什麼？這樣嚴重嗎？」他們感受不到這個數字帶有嚴重性。在這種時候，就需要使用前面學過的What→So what公式（請參考第五十六頁）。

例如，報告書中寫著「烏龜頸患者有兩百七十萬人」，這會讓人覺得：「這樣算多嗎？所以是怎麼樣？」

如果更具體一點，加上「占就業人口的九．一％」這樣的資訊，也就是說，每十個經濟活動人口中，就有一個人正在經歷這種症狀；這樣讀下來，對方就會認為：「原來這對上班族來說是如此常見的病症，那很嚴重耶。」

此外，如果只有寫上「烏龜頸患者占○○％」，也會讓人覺得：「這樣算多嗎？什麼意思？」那麼，你可以把資訊拓展成「烏龜頸占幾％（每年增加幾％）→需要花費這麼多治療費用→有這麼多病症」，對方就能認知到「頸部問題＝金錢問題＝健康問題」，並意識到：「啊，原來頸部疼痛也是問題啊！」

因此，在撰寫問題或狀況報告書時，你可以從這三個角度切入整理，而非僅放入一項資訊：

1. 烏龜頸**患者**增加（每過一年就越嚴重）。
2. 烏龜頸**治療費用**增加。
3. 烏龜頸相關**病症**增加。

第一項也不能只寫上「烏龜頸占幾%」這種的現象，而是要根據時間動向加以比較，這樣讀者才能掌握到「原來正在日益增加」的訊息，讓人意識到問題的嚴重性。

若想要更準確的分析，除了根據時間動向分析時序之外，也可以試著分析烏龜頸和其他疾病的比率，這麼做的話，讀者就能擁有這樣的感受：「哦，原來烏龜頸和其他疾病相比，比例還挺高的，看來真的很嚴重。」

雖然疾病有百百種，但我會在這裡提到烏龜頸，主要的原因是，明明當初我只是在拚命念書及工作時坐姿不正而已，結果竟像這樣痛得要死要活，為此感到非常委屈；我當時甚至還心想，如果最後只會換來一身疼痛，那我乾脆不要努力算了。

但是，也正因為我曾付出那些努力，才會得到這麼多收穫，所以現在我會想：「如果當時稍微再多注意一下姿勢就好了。」因此，我想要在此告訴那些非常努力的人：努力的盡頭並不是痛苦，而是快樂又健康的生活。還有，這是一種平時只要多注意姿勢、常做伸展運動，就可以輕易預防、矯正的疾病。

在報告書中，問題一詞可以用以下三種意思解釋。因為包含了多種涵義，可能會造成混淆，所以我們先整理一下，再繼續講解：

真正的問題：發生讓人大叫「啊，大事不妙了！」的情形。

〔問題〕啊，大事不妙了！

〔原因〕會發生這種問題，是因為……。

〔建議〕所以必須這麼做才行。

目標對比問題：因目標設得太高，無法滿足現狀的情形。

〔目標對比現狀〕問題在於我們現在無法達成目標。

〔差距原因〕為何還無法達成目標，是因為……。

〔建議〕若想要達標，就得這麼做。

潛在問題：雖然事情還沒發生，但是不能放任事情這麼演變下去的情形。
〔**狀況**〕目前的情況是這樣。
〔**預期問題**〕如果現在不做出一些處置，感覺會變成那樣。
〔**建議**〕所以我們就這麼做，來防止這狀況發生吧！

為了理解頸椎椎間盤突出的原因，我真的問了很多人、查了許多資料，不僅閱讀相關書籍，也找了電視節目來看，因為必須要先好好了解原因，才有辦法找出像樣的解決方案。

但是，我們也很常遇到，因為能取得的資訊有限，而難以找出原因的情況，用來尋找原因的時間也時常不足。

例如，在競標時，主管說了一句：「你去了解一下現在是什麼狀況。」那麼，最需要先做的就是事實核查（fact-checking），然後再找出問題背後的原因。但是，蒐集資訊也有其局限性，我們也可能因為某些特殊因素而無法掌握情報，那該怎麼辦？

在這種情況下，我們可以推定出好幾種原因，因此，只要將這些推定出的內容，整理成針對原因A、B、C，或對應預期情境A、B、C的A、B、C狀況報告即可。

正如前面所述，這雖然沒有正確答案，但也無法說一句「我查不到」就放棄。所以，只要提出從根據生出的意見就行了，例如：「預計會有A、B、C狀況發生，因此我建議這麼應對。」（見下頁圖表3-21）

最好能先整理出A、B、C計畫後，再與主管協議，因為之後若發生預料中的情況，在與客戶公司應對時，說出「我去了解一下情況」，和當場提出事先想好的對策（已經用A、B、C計畫和公司協議過，知道自己工作範圍到什麼程度），事情的結果將會非常不同。

先到第一七二頁看看，已經整理出A、B、C計畫，為了報告現狀而寫出的一頁報告書⑤，接著再到一頁報告書⑥（第一七四頁），看一看該如何填寫各項要素。

除此之外，如果要寫關於事件、意外、災害等情況的狀況報告書，只要整理出「發生了這種意外（由於這個原因／目前推定是這個原因），因此先採取了這樣的處置，未來預計將會這麼應對」就行了，詳細目次請見一頁報告書⑦（第一七六頁）。

圖表 3-21　無法掌握狀況時，要推定 3 個行動計畫

預期主管會提出的問題	目次
「你去了解一下是什麼狀況。」	事實核查，尋找狀況、核心問題。
「要怎麼應對？」	根據推定出的原因，提出 A、B、C 後續行動計畫。
「哪一種比較好？」	A、B、C 行動計畫各自的根據及優缺點。
「你需要我怎麼做？」	執行上的要求事項。

正如前面所提到的，狀況報告書最講求的通常是速度，因此，即使無法掌握到真正原因，只要寫上「正在掌握原因」、「此為目前推定的原因」就可以了。

在報告過於倉促的情況下，雖然可以省略掉應對方案，但從聽者的立場上看來，如果只收到陳列一堆狀況的報告，心裡就會浮現「所以要我怎樣」的想法，甚至會覺得報告者是一位沒有責任感的傳信人。

所以，我建議你簡單寫上「預期會有這種狀況發生，因此需要採取這種應對方式，詳細的內容之後會再報告」，並指出重點為何。

一頁報告書 ⑤

提出應對方案的狀況報告書範本

2021.03.05. 行銷組　金城智主任

1. 現狀	投標截止日：2021.03.31. 對象：美國 F 公司 ・F 公司投標截止日為一個月內。 ・目前包括本公司在內，還有 H、S 等共 3 家公司競爭中。 ・目前難以試探到 F 公司的想法（利用當地仲介試探中）。
2. 核心問題	目前價格以 H、交期以 S、品質以本公司為相對領先的情況。 → 不可避免要調整本公司的交期，同時也需要調整價格。
3. 應對方案	1. A 計畫：將價格提高到 Huddle Ⅰ（底價）。 2. B 計畫：試探提供 Huddle Ⅱ（底價97%）的可能性。 3. 追加行動：與 F 公司負責人會談（需要出差）。

（接下頁）

4. 方案根據及優缺點	1. A 計畫： 本公司價格在與競爭業者 H 對比和最低價對比時，高出 5% 以上。 ・優點：若可提出 Huddle I ，即可提升競爭力至價格第二、品質第一。 ・缺點：若競爭公司因追加報價而價格趨近時，相對位置就不會有變動。 2. B 計畫： ・優點：若可提出 Huddle II ，即可立刻接受訂單。 ・缺點：但由於是低價訂單，必須增加簽約的物品數量。 ・但考量到F公司的品牌價值，即使低於底價，也能期待在市場內的促銷效果。 3. C 計畫： ・F 公司不夠理解本公司具有相對優勢的技術能力。 ・需要由技術行銷組 1 人同行，與當地決策者會談，宣傳技術能力。
5. 協調要求	1. 和技術行銷組重新討論能否確保底價相關空間。 2. 與資金組協議能否提出 Huddle I ／ II 。 3. 向老闆報告完專案訂單的重要性之後，提出出差要求： ・徵選出差者及緊急派遣。

一頁報告書 ⑥

提出應對方案的狀況報告書框架

如果把標題訂為「○○專案中間報告」，即可輕易理解內容；然後，用一句話歸納出現狀，當成副標題。

日期、部門、姓名、職位

1. 現狀	「現在是什麼狀況？」 1. 寫出概要。 2. 用名詞型簡單歸納出狀況／問題： ・與其以第三方立場，不負責任的單純指出「問題在這裡」，不如明確指出為了解決該項問題，現在正在付出的努力。 3. 寫出詳細內容數值和數據時，同時要標出根據來源。
2. 核心問題	「在那個狀況之下有什麼問題？／為什麼會有那種問題？」 需要在狀況中採取措施的核心問題／歸納（推定的）原因。
3. 應對方案	「要怎麼應對？」 根據預期中的 A、B、C 情境，整理出對應 A、B、C 計畫的應對方案。

（接下頁）

4. 方案根據及優缺點	**「哪一個比較好？」** 比較 A、B、C 計畫的優缺點。
5. 要求	**「所以你需要我怎麼做？」** 寫下執行上的要求事項。

一頁報告書 ⑦

關於意外、災害的狀況報告書框架

將核心狀況訂為副標題，
如：因〇〇掉落，造成〇〇名重傷。

預期主管會提出的問題	目次
「什麼狀況？」	事件概要： ・運用六何法來整理，但撇除「為什麼」（why）的部分。
「為什麼會發生那種事？」	發生原因： ・若已掌握到原因，就寫出原因。 ・若還沒掌握到原因，就寫上「原因掌握中」。 ・寫上推定的原因。
「現在怎麼樣？」	詳細處置資訊及現狀： ・分別整理出是由「誰」做了什麼處置。
「所以要怎麼做？」	展望（未來影響）及相關應對方案分為： ・處理問題的方面。 ・防止再次發生的方面。
「你需要我怎麼做？」	執行上的要求事項。

7 業務改善報告：差異越明確，說服力就越高

先想一下，業務改善報告書的核心問題是什麼？其實就是這一句話：「**真的好嗎？**」

沒錯，也就是說，你提出的改善，做與不做的結果相比，是否有明確的好處，會影響主管的反饋。

改善前後（before & after）的差異越明確，說服力就越高，所以，最好附上能夠一眼看出改變何在的比較表。

假設我們要將前面提到的「簡化報告專案」，改寫成業務改善報告書提交出去，那麼，只要寫出問題在哪裡（現狀）、要如何改善（改善），並附上比較表，再提出該如何執行，以及執行後會得到什麼成效即可。

圖表 3-22　強調改善成效的業務改善報告目次

預期主管會提出的問題	目次
「既然要投入資金、時間和人力，你為什麼提議這麼做？」	目的（合理的改善理由）
「現在如何？要變成什麼樣？」	改善前後比較表格
「要如何執行？」	詳細計畫（預算、窗口、行程）
「執行之後會變成什麼樣？」	預期成效
「你需要我怎麼做？」	要求事項

假如你要寫的是改善成效的報告，可以參考圖表 3-22。

現在，我們可以看看一頁報告書⑧的範例，是如何強調改善前和改善後的差異，然後再到一頁報告書⑨（第一八一頁），學習該如何填寫每個項目。

一頁報告書 ⑧

業務改善報告書範本

日期、部門、姓名、職位

1. 目的

縮短工作時間（每週法定 68 小時 → 52 小時），減少勞動基準法修改後，造成的無效率工作狀況。

例如：製作數十張 PPT 報告書 → 直接以一頁式報告書，來簡化公司內部報告情形。

2. 現狀／改善方案

議題	現狀	改善
① 浪費時間	製作 PPT 時，版面設計就占了 50% 的時間。（〇〇年工作效率實況問卷調查結果）。 → 重視設計、內容不充實、導致加班。	公司全體使用統一模版： PPT 統一成 1～2 張 Word 檔，節省設計時間。
② 格式不同	各組報告文書樣式及用語不同。 → 浪費時間在整合及理解上。	報告樣式：訂定 8 個共同項目。 用語：可統一。

（接下頁）

用粗框標明重點。

③ 效率低落	需要投入過多時間準備 PPT 報告。 → 把開會時間用在報告上，反而缺乏討論和決策的時間。	報告前共享「一頁摘要版本」。 → 不浪費時間，會議以討論和決策為主進行。

3. 執行

統一完報告格式、用語後，於下半年開始正式使用。

執行	企劃	協調	定案
詳細	報告書種類用語匯總、樣式標準化。	各小組事前協議及反饋。	公開發布、全體員工內化。
期限	截止日期	截止日期	截止日期
窗口	負責人	負責人	負責人
預算	金額	金額	金額

4. 效果

① 節省時間：

設計 PPT 平均花費時間：1 天 2 小時×20 天×12 個月×相關員工 300 名＝一年可節省 14 萬 4 千小時。

② 節約花費：

PPT 企劃書每年 5,000 萬張紙的費用＋印刷費＋墨水＝去年的花費。

5. 要求

① 公司全體員工接受一頁報告書教育訓練。

② 部門主管以上職員，接受相關教育以熟悉流程。

一頁報告書 ⑨

業務改善報告書框架

將標題歸納成「為〇〇提出的〇〇改善報告書」。

日期、部門、姓名、職位

1. 目的

用一句話歸納出為何及要改善什麼部分。

2. 現狀／改善方案

問題	現狀	改善
① 浪費時間	目前遇到這些狀況（用數據來說明）。	未來要改成什麼樣子。
②		

用粗框標明重點。

3. 執行

把執行狀況（詳細情形、期限、窗口、預算等），分階段整理成表格。

4. 效果

歸納出改善後確實不同的成效：
・列出費用，將結果以數字的方式呈現。

5. 要求

寫出執行上的要求事項。

接著，我們來看一下，如果想要更詳細的反映出問題的嚴重性，並成功引起共鳴，在情況急需改善時所寫的業務改善報告書。和前面的報告書相比，若想更深刻的反映出問題的嚴重性，就要寫出讀完這份報告書後，若不照著你所建議的方式改善，會產生什麼樣的問題。架構如下頁圖表3-23所示。

舉例來說，我最近體認到環境荷爾蒙的嚴重性，所以想寫一份關於這個議題的業務改善報告書，藉此提供身邊的親朋好友更多資訊；那麼，我們就要在報告書中，加入前面提到的預期問題：「如果不預防環境荷爾蒙會發生什麼事？」

我才剛結完婚，就摘掉了一邊的卵巢和肌瘤，為了治療子宮內膜異位症，還曾停經兩年。

這些我都還能忍受，但問題是，自從我開始了解這項疾病後，就常聽身邊朋友向我哭訴：「姐，聽說我也有肌瘤。」、「姐，醫生說我也有子宮內膜異位症。」而且其中大多數人都未婚。

看著她們明明都還沒結婚，就得服用誘導停經的荷爾蒙藥物，還必須承受藥物的副作用，實在讓我非常心痛。後來，我在一位友人的推薦之下，看了電視節目《SBS

圖表 3-23　反映問題嚴重性的業務改善報告目次

預期主管會提出的問題	目次
「所以要做什麼？」	結論（包含目的）
「一定要那樣做嗎？現在如何？」	現象／問題
「為什麼是那種狀況？」	原因
「若不解決那個問題， 會變成什麼樣子？」	預期問題
「要做哪些事情？」	改善方案（包含目的）
「再講多一點細節。」	詳細計畫 （預算、窗口、行程）
「執行之後會變成怎麼樣？」	期待成效 Before vs. After （選擇性）
「你需要我怎麼做？」	執行時的要求（選擇性）

Special》其中一集──「環境荷爾蒙的襲擊」。結果，我發現除了我這個年紀的女性之外，許多女國中生、高中生的生理痛，也越來越嚴重。

節目找到症狀最嚴重的十八名女學生，做了幾個檢查後，得知其中有十六名女學生都患了導致不孕的子宮內膜異位症。這讓我非常震驚，也感到非常難過。

因為節目上說環境荷爾蒙是造成這些症狀的原因，所以我稍微了解了一下。簡單來說，就是因為我們太常使用塑膠製品和化學用品，才會讓這方面的相關疾病出現爆發性的增長。

例如，將食物放入塑膠碗中，直接微波加熱來吃，等同於將一大塊熱呼呼的環境荷爾蒙放入口中，外帶食物也大多會裝在塑膠容器裡；因此，若不想暴露在環境荷爾蒙當中，就必須減少這樣的行為。

那麼，環境荷爾蒙和雌激素又有什麼關係，竟然會導致生殖系統出問題？其實，環境荷爾蒙的化學結構與雌激素非常相似，因此，當環境荷爾蒙一進入人體，就會擾亂真正的荷爾蒙，讓它無法正常工作，引起許多生殖系統疾病，並成為難孕或不孕的原因。

不過，這裡也有個好消息。在《SBS Special》的另一集「身體負擔第一季：子宮的警告」中，針對在日常生活中有意識的減少化學物質使用，展開了為期八週的特別企劃，發現這在減少生理痛和子宮內膜異位症上，有確切的效果。

如果不知道這些事，之後很可能得承受極大的痛苦。不過，既然可以在日常生活中輕易預防此疾病，那我要廣泛的宣傳出去，於是試著寫下這些內容：

「最近罹患子宮內膜異位症的人非常多……子宮肌瘤也就像感冒一般常見……你試著報告一下該如何改善。」

讓我們一起藉由下頁的一頁報告書⑩，來看看該如何將我前面的長篇大論，整理成一頁報告書吧！另外，請記住，我不是醫學專家，這只是一篇依據個人經驗和調查資料寫出來的報告，如有相關疑問，請洽詢醫師。

一頁報告書 ⑩

強調問題嚴重性的
業務改善報告書範本

2020.02.23. 經營支援組　朴信榮副理

結論	為減少造成生殖系統疾病主要原因之環境荷爾蒙，必須改善 3 種習慣。
1. 現狀或問題	1. 〔子宮肌瘤〕患者人數於 4 年間增加 20%。 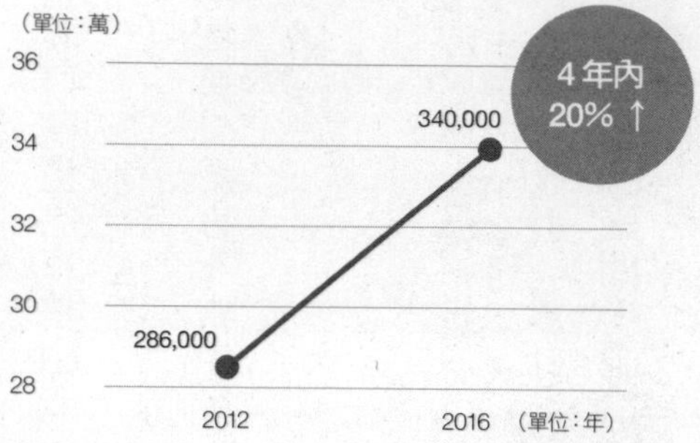 來源：韓國健康保險審查評價院。 2. 〔子宮內膜異位症〕患者人數於 7 年間，增加 5 倍。 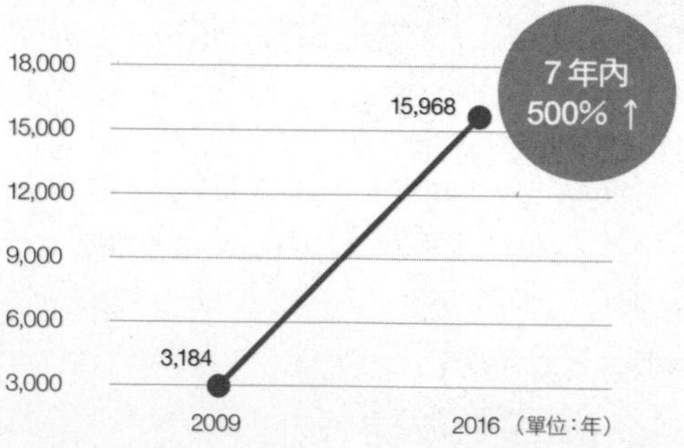 來源：韓國江南 CHA 醫院。

(接下頁)

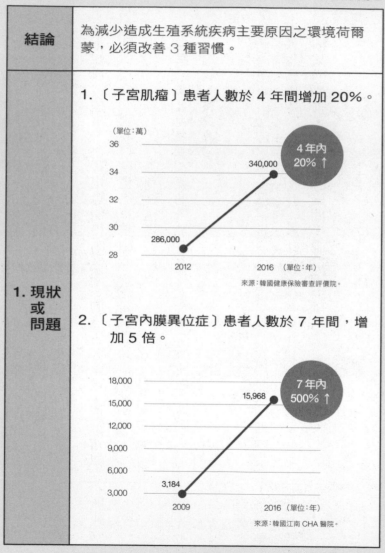

<table>
<tr>
<td>2. 原因</td>
<td>
生活中的環境荷爾蒙：
環境荷爾蒙的化學結構與女性荷爾蒙相似，環境荷爾蒙流入體內 → 造成雌激素系統紊亂。

〔環境荷爾蒙結構與女性荷爾蒙結構〕
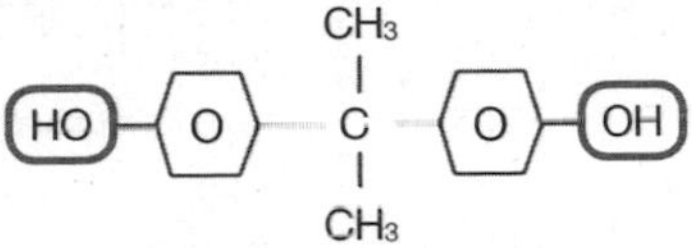

環境荷爾蒙結構
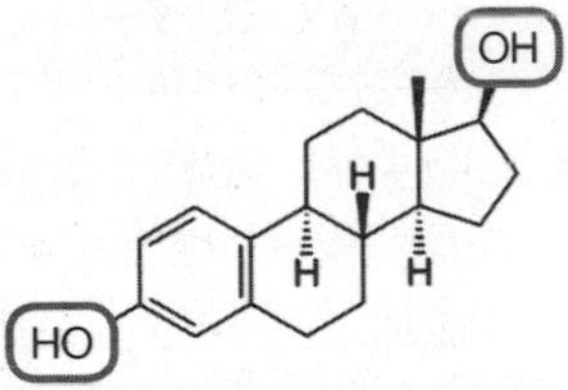

女性荷爾蒙結構
</td>
</tr>
<tr>
<td>3. 預期問題</td>
<td>
〔男性〕精子數量減少、女乳症、前列腺癌。
〔女性〕性早熟、劇烈生理痛、子宮內膜異位症、乳房癌、子宮頸癌。
→ 導致難孕或不孕。
</td>
</tr>
</table>

（接下頁）

<table>
<tr><td>4. 改善方案</td><td>目標：達成零環境荷爾蒙的 3 種習慣。

建議飲食	避免使用塑膠用品	避免使用化學用品
水、蔬菜、膳食纖維、糙米飯、綠茶、海帶等。	・避免使用塑膠容器：外帶食物容器、保麗龍、紙杯等。 ・禁止微波加熱裝在塑膠容器中的食物。 ・不用塑膠袋盛裝熱食。	・確認保養品、化妝品、洗髮精、香水等成分後再使用。 ・避免使用殺蟲劑、除臭劑等物品。

</td></tr>
<tr><td>5. 要求</td><td>為了掌握更具體的資訊，請觀看下列影片：
1. SBS 節目《SBS Special》：
身體負擔第一季：子宮的警告
2. SBS 節目《SBS Special》：
環境荷爾蒙的襲擊
3. Channel A 節目《我是身體之神》：
體內的假荷爾蒙——環境荷爾蒙的攻擊</td></tr>
</table>

8 建議報告：公司不是用語言，而是以數字運作的

我們來想想看，建議報告書的核心問題是什麼？

答案是：「**真的需要那個建議嗎？**」

為了說服對方，讓對方產生「一定要接受這項建議才行」的想法，你必須讓他認知到問題何在。因為，對公司來說：提案（建議）＝執行＝費用。

也就是說，所謂的提案，就代表要投入人力和時間，也就等於要花錢，所以，他們會需要根據來判斷是否值得花這筆錢。

因此，在歸納問題時，不能只是站在自己的立場思考，而是要站在對方的立場上，整理出對方會重視的問題。舉例來說，如果我是是人事組的主管，最近公司經常加班、員工接二連三的病倒，沒有人是健康的，導致公司士氣低落，然後，老闆要我

提出解決這個狀況的建議報告。

那麼，如果只是單純站在自己的立場上，我當然會覺得員工生病很令人不捨，所以提出這樣的建議：

〔**自己立場上的問題**〕員工生病令人不捨。

〔**問題**〕員工生病。

〔**建議**〕公司幫忙管理健康。

這種建議一點影響力都沒有。站在老闆的立場上，當然會覺得：為什麼公司要為他們花那些錢？

所以，我們一起來想想，為什麼員工生病會是公司的問題吧！

這為什麼是公司的問題？

↓嗯……如果員工生病，醫藥費補助就會增加。

↓如果要補足請病假的人力，也需要一筆花費。

↓如果員工因病辭職，就會浪費掉這段期間培養他的費用與時間。

總而言之，員工如果生病，公司需要花很多錢。

從公司的立場來看，這也是個可以接受的理由。

同時，我們也必須認知到，由於**公司不是用語言，而是以數字運作**，因此，我們還要計算出這項建議可以讓公司省下多少醫藥費，至於標題也會因數據而有所改變。

〔修改前〕我的立場：為公司員工的「健康經營」建議。

〔修改後〕公司立場：為減少公司一〇％醫藥費的「健康經營」建議。

在記錄問題時，也不能從自己的立場寫出「最近有〇〇％的員工生病」這種句子，而是要站在公司或主管的立場上，寫出他們會在意的事情，像是「最近公司醫藥費增加〇〇%」。這麼做，他們才會覺得你提出的問題具有緊急性、必須盡快解決，也會傾向於採納你的建議。

也就是說，建議報告書的核心在於提出對方能夠接受的問題，並提供該問題的解決建議。但是，你還必須讓對方知道該建議是否為最佳選擇，所以，你要提出經過比較而得出的優勢（你看，相較之下這是個不錯的建議吧？）或案例（你看，這個是大家都採用的建議）。考慮到這些內容之後，就能將目次整理成下頁圖表3-24。

除此之外，你也可以一開始就提出目標，從「我打算以這個為目標做這件事」的結論開始說起，之後再說明狀況（問題），如第一九四頁之圖表3-25。

事實上，二〇一七年日本大企業支出的總醫藥費，據說高達四十一兆韓元（按：約新臺幣八千六百億元）。

原來大家都因為過於努力工作，身體負荷不堪而生病。日本TANITA公司懂得照顧員工身體，甚至實際管理飲食及健康數值，因而引起話題。於是，我參考TANITA公司的案例，寫出一份假想的建議報告書，請見一頁報告書⑪（第一九五頁），接著再到一頁報告書⑫（第一九七頁），看看該如何填寫各項要素。

圖表 3-24　先點出問題嚴重性的建議報告目次

預期主管會提出的問題	目次
「為什麼？」	問題（有時需要包含檢討背景）
「為何那樣？」	原因
「所以呢？」	包含目標在內的建議／對策
「這是最好的做法嗎？」 「是其他公司也嘗試過的好辦法嗎？」	比較優勢／案例
「所以要怎麼做？」	執行計畫
「真的值得做嗎？ 做了會有什麼結果？」	預期成效（若和目標重疊可省略） 成果型態（執行時， 共享最終成果的預期型態）

圖表 3-25　先說結論、再說明狀況的建議報告目次

預期主管會提出的問題	目次
「為什麼？」 （這項建議， 是為了要得到什麼？）	目標（可用標題代替）
「為什麼？」	問題
「為何那樣？」	原因
「所以呢？」	建議
「這是最好的做法嗎？」 「是其他公司也嘗試過的 好辦法嗎？」	比較優勢／案例
「所以要怎麼做？」	執行計畫
「真的值得做嗎？ 做了會有什麼結果？」	預期成效（若和目標重疊可省略） 成果型態（執行時， 共享最終成果的預期型態）

一頁報告書 ⑪

建議報告書範本

2021.02.26. 人事組　朴信榮組長

1. 問題	公司內部醫藥費增加（較去年增加了 3.6%，較10 年前增加了 20%）。 〔圖表〕醫藥費增加變化
2. 原因	經常加班、運動量不足、偏好刺激性的飲食習慣，造成**員工身體生病**。 → 預期醫藥費、請假者、辭職者增加（請病假的人比前年增加 1.3%）。
3. 建議	員工必須健康，公司才會健康。 → **運用 IT 機器來經營健康**。
4. 其他公司案例	1. ADIS JAPAN 提供「Health care」的健康經營支援服務 → 管理員工健康數據。 2. NT Docomo Docomo Healthcare → 以智慧型手機確認及管理員工的健康狀態。
5. 執行計畫	**運用 IT 機器進行的三種健康經營法。** **1. 管理數值「賺健康也賺財富」** （1）〔測量體重／體脂肪〕員工使用安裝IC晶片的員工證，隔週測量一次。

（接下頁）

	（2）〔測量活動量〕測量步數 → 兩種都是一個月頒獎一次，透過發放獎金來增加動機。 **2. 飲食管理「500kcal is OK」** 〔低鹽料理餐點〕公司開發 500 大卡、美味又能吃飽的低鹽餐點。 **3. 運動習慣管理「沒時間運動？那就在公司運動吧」** 〔運動研討會〕 每週兩次，利用上班時間舉辦運動研討會（每週三、五 14:00-15:00）。 ・預算：總共多少（附上細項明細）。 ・窗口： ・行程：分五階段進行，個別列出時間。 **企劃** ➡ **宣導** ➡ **執行** ➡ **確認** ➡ **措施** ※為減少過度管理的負面觀感及誤會，實施事前宣導活動。
6. 預期成效	1.〔公司內部醫藥費〕減少 10%（將預算和減少的費用相比）。 2.〔公司內部宣導〕用作宣導素材。 附加報導資料範例：主題（草案）：員工都生病了，公司還有辦法成長嗎？ 3.〔生產內容〕出版《500 大卡就能飽足的低鹽料理 100 選》食譜。

一頁報告書 ⑫

建議報告書框架

在標題中，寫下你的目標／目的。

日期、部門、姓名、職位

1. 問題	「為什麼？」 用名詞型歸納出可被對方視為是重要的問題，附上可證明問題的定量（按：以統計數據為主）／定性（按：以訪問、觀察和文獻為主）資料。
2. 原因	「為何如此？」 用一句話歸納出原因，若無法用一句話歸納原因，就以編號的方式呈現。
	有助於理解的說明／數據。
3. 建議	「所以呢？」 用一句話歸納出想做的事，若無法用一句話歸納出來，就針對原因編號的順序提出建議；也可寫上有助於理解的副標題。
4-1. 其他公司案例	「這是最好的做法嗎？／其他公司也這麼做嗎？」 其他公司是怎麼做的？ （其他公司的範例不用全部寫出來，著重於如何執行，最好附上成效與數值。）

（接下頁）

4-2. 相對 優勢	**「和其他方式相比，有什麼相對優勢？」** 利用比較表，呈現出相較於其他方式，我的建議具有什麼優勢。
5. 執行 計畫	**「所以要怎麼做？」** 按項目編號排序該如何執行，寫出各項目的詳細說明。
	寫出預算／窗口／行程。
6. 預期 成效	**「真的值得做嗎？」** 寫出執行後預計的成效（定量／定性成效）；如果有很多項，那就分項目編號，將「目的／目標」包含在內，多使用名詞。

前面的建議報告，是當某個問題第一次發生時，為了改善而寫的報告書。但有時明明已經採取了某些行動，卻沒有順利改善問題，所以得再提出一份報告書。

舉例來說，以主管的立場看來，可能會覺得：「之前已經發生這種狀況，難道都沒人處理嗎？」所以部屬最好說清楚：「先前是這樣處理，但我想要再加上這個。」

寫出先前為了改善而採取過的措施，以及該措施得出的成效與極限，主管就能一目瞭然。也就是說，要以「目前遇到這種問題→之前是以這種方式努力處理→所以未來將會這麼做」這樣的順序來寫報告，請參考下頁圖表3-26。

除此之外，如果一開始的措施沒有什麼問題，你只是想提出建議：「我們以這個為目標，這麼執行吧！」那麼，你可以簡單整理成下頁圖表3-27的三個問題。

我們從建議報告書的條理，來看看新產品提案報告書吧。新產品提案是非常重要的主題，儘管大多會以專案的形式進行，伴隨著繁冗的文件，但報告給最上層的主管時，仍必須將這些內容整理成僅有一、兩頁的報告書。

如果試著用一句話，歸納出新產品提案報告的內容，就會得出這樣的結果：

為了解決具有市場性的〔**某人**〕（Whom）的〔**這些問題**〕（Why），

圖表 3-26　檢討改善的建議報告目次

預期主管會提出的問題	目次
「為什麼？」	問題
「為何那樣？」	原因
「為什麼之前都沒有採取任何行動？」	先前採取的行動，以及其成效與極限
「所以呢？」	補充建議
「這是最好的做法嗎？」「是其他公司也嘗試過的好辦法嗎？」	比較優勢／案例（選擇性）
「所以要怎麼做？」	執行計畫
「真的值得做嗎？」	預期成效

圖表 3-27　給小建議，只需回答三個問題

預期主管會提出的問題	目次
「為什麼？」（這項建議是為了要得到什麼？）	目的
「所以呢？」	建議（包含目標）
「所以要怎麼做？」	詳細執行計畫

我們〔**開發**〕（What）了這項產品。
我們的〔**相對優勢／差別化**〕（What else）在這裡。
只要照著這個〔**策略**〕（How）執行，
預計就能得到這種〔**成果／反應**〕（If）。

因此，我們可以得知，新產品提案報告書的目次，應如下頁圖表3-28；另外，站在聽取報告的立場上，主管必須確實看見以下五點：

- 〔**核心目標**〕哪些公司擁有這些問題、可能會需要購買我們的商品。
- 〔**主要解決問題**〕「我們可以解決他們的什麼問題」是否明確。
- 〔**主要優勢**〕雖然其他人也能解決，或是已有類似產品，但是否展現得出「我們這點確實比較強」。
- 總結成可讓人記住的**一句話**。
- 可留下印象的**一張圖**。

圖表 3-28　新產品提案報告書

預期主管會提出的問題	目次
「目標客群是誰？」 「有這項問題、 不得不買這項產品的公司是？」	開發客戶
「那些人怎麼了？」	問題／原因
「所以呢？」	建議 核心訊息 核心形象
「不是還有其他產品嗎？」 「有什麼優勢？」	相對優勢／差別化
「所以要怎麼執行？」	執行計畫
「預期的成果？」	本公司預期的成果
「期待的效果？」	消費者期待的效果

9 企劃報告：重點只有四個字

企劃報告書可以分成兩種，一種是執行企劃報告書，另一種則是活動計畫報告書，首先，我們先來討論執行一項企劃時，要如何撰寫報告書目次。

執行企劃報告書的核心是什麼？

其實，就是這句話：「**要怎麼做？**」

如果你需要回答這個問題，就代表已經討論好為什麼要執行，以及要執行什麼了。這是為了和主管共享詳細計畫，而寫出的報告書，目次請參考下頁圖表 3-29。

我們先來看一下一頁報告書⑬（第二〇五頁）的範例，接著再到一頁報告書⑭（第二〇七頁），看看該如何填寫各項要素。

圖表 3-29　回答「該怎麼做」的企劃報告目次

預期主管會提出的問題	目次
「什麼案子？」	概要
「要怎麼做？」	計畫
	詳細計畫
「在執行上需要我怎麼做？」	要求

活動企劃報告書

看完執行企劃報告書的寫法之後，就來看看想要提出活動點子或籌辦活動時，一定得寫的活動計畫報告書吧！

活動計畫報告書的核心是什麼？答案，就在這個問題之中：「**那個活動，你打算要怎麼執行？**」

提出這個報告後，公司最後很可能會說：「你提出的活動，執行起來要花錢、要花人力，人力對公司來說，終究也是高昂的花費，所以為什麼要舉辦那個活動？」因此，我們必須給公司一個合理的推動目的。這麼思考，就能擬出如圖表3-30的目次（第二〇八頁）。

一頁報告書 ⑬

企劃報告書範本

2021.02.26. 人事組　朴信榮組長

1. 概要	韓國健康果汁品牌 Mercy Juice 第×號竹田店（按：韓國新世界公司京畿店所在地）開幕計畫，目標於 2022.2.23. 開幕。
2. 執行	**分為三階段進行：** 細節協商 → 內部裝潢施工 → 開幕準備。 **1. 細節協商負責人**：朴信榮（5.11. 報告）。 **2. 內部裝潢施工負責人**：金成智（7.6. 報告）。 **3. 開幕預備負責人**：金琳（7.27. 報告）。
3. 協商	• 需要協商預算（比現有預算高出 5%，欲協商替換牆面材質）。 • 需要進行用於內部裝潢品牌政策的最終檢查（附加檔案）。

（接下頁）

執行三階段時程表													
執行順序	詳細內容	5月				6月				7月			
		W1	W2	W3	W4	W1	W2	W3	W4	W1	W2	W3	W4
1. 細節協商	與新世界協商	■	■										
	導向分析			■	■								
2. 內部裝潢施工	設計及採購				■	■							
	全面施工					■	■	■	■				
	細節施工								■	■			
3. 開幕準備	細項物品製作										■		
	A、B領域檢查											■	
	詳細檢查												■

W：代表星期。

一頁報告書 ⑭

企劃報告書框架

標題直接寫上「〇〇企劃報告書」即可。

日期、部門、姓名、職位

1. 概要	「什麼案子？」 • 簡單整理出概要，以喚醒主管記憶。 • 目標計畫（日期＋專案名稱等）。
2. 計畫	「啊，那要怎麼做？」 大致說明進行到哪個階段／流程。
3. 詳細計畫	寫下負責人、寫有行程的行程表、專案表單等資訊。
4. 要求	「在執行上需要我怎麼做？」 寫上在執行上需要與主管協議的事項／要求事項。

圖表 3-30　說服主管的活動企劃書目次

<table>
<tr><th>預期主管會提出的問題</th><th>目次</th></tr>
<tr><td>「為什麼要辦這個活動？」
「為何要花這筆錢？」</td><td>推動目的</td></tr>
<tr><td rowspan="3">「要怎麼進行？」</td><td>推動方向</td></tr>
<tr><td>基本概要</td></tr>
<tr><td>細節執行
（行程／預算／窗口）</td></tr>
<tr><td>「在執行上，你會需要我做什麼？」</td><td>要求（選擇性）</td></tr>
</table>

因為不想要隨時想著工作，所以我喜歡將手機放在別的地方，遠離工作相關的電話或通知，享受一段與工作隔絕的發呆時光。

我後來聽說，竟然有「發呆大賽」這種東西，也就是比誰能發呆最久的競賽，為此大吃一驚。

在二〇一六年，韓國R&B歌手Crush贏得發呆大賽冠軍，也因此成為熱門話題。

雖然能想出這種奇妙的企劃已經很了不起了，但竟然還有辦法成功執行，讓我深感佩服。

根據美國神經學家兼博士馬庫

斯・賴希勒（Marcus Raichle）所述，大腦沒有在執行任何認知活動時，大腦的特定部位——前額葉、顳葉、頂葉，反而會活躍起來，可以產生創造力，特定執行能力也會提高。

比起持續不斷的運作，有時還是得休息一下，才能得到更好的成效！即使無法去參加發呆大賽，偶爾發個呆，似乎也很重要。

雖然發呆大賽的目的，在於重新詮釋一般人對發呆這件事的印象，但若是企業主辦的活動，至少要提到營利目的或形象廣告效果，才是一個有成效的活動。

所以，我創造了一個假想的情況。假設有一款幫助大腦休息的飲料品牌「Stress Free」，而我是該品牌的行銷人員，以此為基礎而寫下活動計畫報告書。

我們先來看看下頁一頁報告書⑮的範例，接著再到一頁報告書⑯（第二一二頁），看看該如何填寫各項要素。

一頁報告書 ⑮

活動企劃報告書範本

2020.02.26. 企劃組　朴信榮組長

1. 推動目的	**贊助與本公司品牌 Stress Free 形象符合的活動「發呆大賽」。** → 增加產品露出、提升宣傳成效。 **〔參考〕發呆大賽** **因大腦超負荷運轉，導致現代人生產率下降及慢性疲勞、憂鬱感增加。** → 以「大腦需要休息」為前提，連續舉辦 4 年，並受到媒體關注的活動（附上媒體相關報導）、歌手 Crush 參賽得獎成為話題（附上相關報導）。
2. 推動方向	**活動中 Stress Free 有兩次露面機會：** 1.〔獎盃〕製作成 Stress Free 飲料的外觀。 2.〔比賽進行中〕「發呆時來一杯吧」免費提供 Stress Free 飲料。
3. 概要	**1. 活動名稱**：發呆大賽。 **2. 對象**：想要讓大腦休息的人。 **3. 地點**：〇〇大橋下。 **4. 時間**：2020.04.30. 15:00～18:00 （1）選手募集：2020.04.03.～04.06. （2）選手發表：2020.04.10.（透過本公司網頁、社群媒體來募集和發表）

（接下頁）

5. 主辦：Woopsyang 公司、首爾市政府漢江事業本部。

4. 執行計畫

計畫行程表

- 整場活動共計：3 小時。
- 正式比賽：1 小時 30 分鐘。

時間	細節	負責人
00:00～00:00	登記選手參賽號碼	○○○
00:00～00:00	發呆體操	○○○
00:00～00:00	正式比賽	○○○
00:00～00:00	選出優勝者	○○○
00:00～00:00	頒獎典禮	○○○
00:00～00:00	拍攝團體照	○○○

※產品集中露面時段以粗框標示。

預算（總共多少）：

項目	報價
○○	金額
○○	金額
○○	金額

5. 要求

當日派遣組員人數協議。

一頁報告書 ⑯

活動企劃報告書框架

標題寫上「活動名稱」，
後面再加上「活動企劃報告書」即可。

日期、部門、姓名、職位

1. 推動目的	「為什麼要（花這筆錢／時間）辦這個活動？」 用名詞簡單歸納出推動目的。
2. 推動方向	**「要怎麼進行？」** 整理出為了達成目的，活動核心訊息／核心重點／核心方法為何。
3. 概要	1. 以編號的方式整理出活動概要。 2. 若能思考各項目的 Why： ・為何要找這些人？ ・為何要選這裡？ ・為何要選這個時間？ ・為何要以這種方式進行？ ・為何要以這個順序？ 最後擬定概要並提出來，就有機會成為更有意義的活動企劃。
4. 執行計畫	以主管必須要了解的行程、預算、負責人為主來整理。

（接下頁）

<table>
<tr>
<td></td>
<td>
詳細行程表（整理出此活動一共需要進行幾個小時）：
<table>
<tr><th>時間</th><th>詳細內容</th><th>負責人</th></tr>
<tr><td>00:00～00:00</td><td>分別依照進行項目整理</td><td>○○○</td></tr>
<tr><td>00:00～00:00</td><td>分別依照進行項目整理</td><td>○○○</td></tr>
</table>
預算（寫上總共需要花多少預算，並將主要項目整理在下列表格）：
<table>
<tr><th>項目</th><th>報價</th></tr>
<tr><td>○○</td><td>金額</td></tr>
<tr><td>○○</td><td>金額</td></tr>
</table>
</td>
</tr>
<tr>
<td>5. 要求</td>
<td>「在執行上，你會需要我做什麼？」
以編號整理出需要與主管協議的事項／要求事項。</td>
</tr>
</table>

10

出差報告：寫成功案例，也要分享失敗

出差報告書的核心問題會是什麼？其實就是：**「所以你（花了那筆錢、去了一趟），帶了什麼收穫回來？」**

以前，某個前輩看到我因出差報告書而苦惱的模樣，他告訴我，只要讓人感覺到：「你出差都沒去玩啊？機票錢花得值得了。」這就是一份優秀的出差報告書。

這麼想了之後，出差報告書寫起來也變得容易許多。也就是說，你要整理出的成果是：「由於這些原因，我非去出差一趟不可，我去那裡做了這些事情。」

如果要寫一份闡述成果的出差報告書，可以參考下頁圖表3-31的架構。除此之外，如果出差之後，得不到期望的成果，也不能單純寫上「做不到」，在這份報告書中，必須包含失敗原因及未來可以改進的地方。

圖表 3-31　闡述成果的出差報告書目次

預期主管會提出的問題	目次
「為什麼要去？」	出差目的／目標（出發前議程）
「去了有什麼收穫？」	成果
「再更詳細一點？」	詳細成果
「你需要我怎麼做？」	要求

我認為，這種文化必須要蓬勃發展。這不是為了要歸咎理由或責任，而是透過共享失敗原因，預防再度失敗，也能為往後的工作業務提供升級基礎。

也就是說，關於失敗的報告書，在組織內部非常重要。若以圍棋作比喻，這份報告扮演了為下一盤棋作準備的覆盤（按：結束對弈後，將對弈的過程，按落子順序重現，藉此精進棋藝）。

瑞典企管碩士、《思考的藝術》（*Die Kunst des klaren Denkens*）作者魯爾夫・杜伯里（Rolf Dobelli）曾就此表示：「若報告書上只寫了成功案例，而偷偷將未能實現的目標隱藏起來，那簡直就像是在射出箭之後，

圖表 3-32　共享失敗經驗的出差報告書目次

預期主管會提出的問題	目次
「為何去那裡？」	出差目的／目標（出發前議程）
「去了得到什麼成果？」	成果
「再更詳細一點？」	詳細成果
「為何沒能達成目標？」	未達成目標的原因
「那未來要怎麼做？」	日後補救方案
「你需要我怎麼做？」	要求

才在附近畫上標靶一樣。」若想追求真正的發展與進步，就該創造出共享失敗紀錄的文化。

共享失敗經驗的出差報告書，目次可參考圖表3-32。

假設你這趟旅程有三個目標，那麼，你可以將那些目標分別編號，而成果和未達成目標的原因，也對應編號順序寫出來，對讀者而言比較容易理解。

我們先看看一頁報告書⑰（第二一八頁）的範例，再到一頁報告書⑱（第二二〇頁），學習該如何填寫詳細項目吧！

一頁報告書 ⑰

出差報告書範本

2021.02.26 營業部門　金成智主任／朴信榮職員

1. 出差目標	1.〔M 公司〕簽署 112K 合約（共 8 艘船）。 2.〔C 公司〕H1428 號船（目前建造中）協議品質問題。 3.〔G 公司〕會見商船部門總監（Mr. Pre）及宣導。 ※出差目標 1、2、3，請分別對照其他欄位中的 1、2、3 確認結果。
2. 成果	1. 完成合約簽署。 2. H1428 號船品質問題部分達成協議。 3. 會見 CC 總監失敗。
3. 詳細內容	• 日期：2021. 02. 02. • 地點：M 公司總部會客室。 • 出席者：M 公司副總裁（Mr. Ma）、採購總監（Mr. Uli）。 • 內容：按照目前的協議，沒有特別提出其他討論，直接簽署合約（8 艘船）；合約簽署後，共進晚餐並討論往後專案（此部分預計另外報告）。
	• 日期：2021.02.03.～2021.02.06. • 地點：C 公司總部大會議室。

（接下頁）

	• 出席者：C 公司技術理事（Mr. Rich）及 3 名工程師。 • 內容：關於造成問題的 BWTS（壓艙水處理系統）安裝，已同意讓韓國製造商使用，但是，偏好非電解的臭氧處理方法一事，仍需要追加協議。
	• 日期：2021.02.07. • 內容：G 公司商船部門總監（Mr. Pre）突然前往海外出差；因緊急日程變更，未能制定追加促銷對策。
4. 未達成目標的原因	1. 無。 2. 客戶端突然變更偏好，導致準備不足。 3. 當日無預警變更日程，無法應對。
5. 日後補救方案	1. 無。 2. 技術開發部門與客戶端準備預計要求資料（標明期限）。 3. 在無法見面的情況之下，需要將可轉達部分寫成一頁提案書。
6. 要求	2. 相關事項 （1）針對臭氧方式與技術開發召開部門會議並列出採購企業目錄。 （2）客戶端檢討預計要求資料草案。

一頁報告書 ⑱

出差報告書框架

標題寫成「〇〇案出差報告」，
並在副標題標明出差地點與時間。

日期、部門、姓名、職位

<table>
<tr><td>1. 出差目標</td><td>「為何去那裡？」
將出發前拿到的待辦事項（議程），分別編號整理。</td></tr>
<tr><td>2. 成果</td><td>「所以事情怎麼樣了？得到什麼成果？」
1. 依各項目成果報告（例如：完成〇〇、〇〇達成協議、〇〇部分達成協議、〇〇失敗等結果）。
2. 當項目太多、太複雜時，以成功／失敗等結果分類，製作成表格。
3. 如一頁報告書⑰所示，若是簡單的案子，可將出差目標和成果寫在同一格表格裡。
<table>
<tr><th></th><th>出差目標</th><th>成果</th></tr>
<tr><td>M 公司</td><td>112K 合約簽署（共 8 艘船）</td><td>完成合約簽署</td></tr>
<tr><td>C 公司</td><td>H1428 號船（目前製作中）協議品質問題</td><td>部分達成協議（需要追加討論採取何種方式）</td></tr>
<tr><td>G 公司</td><td>會見商船部門總監（Mr. Pre）及宣傳</td><td>會見總監失敗</td></tr>
</table>
</td></tr>
</table>

（接下頁）

3. 詳細內容	「再更詳細一點？」 依照各項目整理出詳細內容（日期／地點／出席者／核心討論內容及執行）。
4. 未達成目標的原因	「為何沒能達成目標？」 若有未達標的案子，依照各項目整理出未達標的原因。
5. 日後補救方案	「那未來要怎麼做？」 針對未達標案子，整理出應對行動計畫。
6. 要求	「你需要我怎麼做？」 整理出在日後補救方案執行上的要求事項／需要協調的部分。

圖表 3-33　共享會議結果的報告書目次

預期主管會提出的問題	目次
「這是什麼案子？」	負責人聯絡窗口（職稱、聯絡方式）及共享會議基本資訊
「見面談得怎麼樣了？」	成果／協議內容
「所以決定要怎麼進行？」	執行細節
「你需要我怎麼做？」	要求

會議後的報告非常重要。我們先換個立場想一想，金主任開完會回來之後，完全沒有任何消息，那該有多令人著急啊？

究竟在會議中談了什麼、狀況如何、未來要怎麼進行，其實只需要簡單報告一下就好了，目次可參考圖表3-33。

另外，如果是第一次見面，寫報告時，要附上對方名片上的負責人職稱、聯絡方式等資訊。

假設在開完會之後，必須透過電子郵件來報告會議內容，那麼，我們來看看一頁報告書⑲是怎麼寫的，然後再一項一項檢視。

一頁報告書 ⑲

收件者 〔〇〇部門／〇〇〇主任 ×〕

主旨 【會議結果共享】2021 下半年度「提案書教育」之朴信榮講師會談案

您好，

我是〇〇部門的〇〇〇，

以下為〔2021 下半年度「提案書教育」之朴信榮講師會談〕的結果。

會議概要	日期：2021.02.23. 地點：良才站企劃學校辦公室。 出席者：朴信榮講師、金成智組長。
協議內容	2021 下半年度「撰寫提案書教育」課程 • 已協議好課程內容（以組長重視的「邏輯」部分為中心）。 • 已確認課程將分為六週進行。 • 已確認好日期。
執行細節	1. 每人撰寫一份提案書 （1）對象：自願參加者 60 名（一次 10 人，小班制）。 （2）日期：2021 年 9 月第一週～10 月第二週（每週一、二進行）。

（接下頁）

	（3）成品：學員各自完成一份報告書及口頭報告。 2. 選定優秀提案書後進行統整作業 （1）對象：從 60 名學員寫的提案書中，選出優秀／推薦提案書撰寫人 6 名。 （2）日期：2021 年 10 月第三週～第四週（於週一及週二進行，共 4 天）。 （3）成品：撰寫 1 份提案書，並由選定委員口頭發表。
	費用：○○元 預算：○○元
要求	〔確定主題〕需要選定提案書的主題。 〔確定委員〕第二次發表提案書時，需要選出評審委員。

關於以上兩項要求，請告知可商議的時間，

我將到您那裡拜訪，

謝謝。

○○○敬上

電子郵件標題：【會議結果共享】二〇二一下半年度「提案書教育」之朴信榮講師會談案

在標題的最前面，標明這封郵件的目的，對方就能輕鬆掌握這封信的性質。寫上報告、共享、請求、委託、聯繫、協議、傳達、資料、公告、參照、請求資料、要求問卷、附件等主要目的，後面再加上這封郵件的關鍵字——〇〇的〇〇案。

前面的例子是一篇為了舉辦提案書教育，而與朴信榮講師會談的報告，因此，標題寫為「二〇二一下半年度『提案書教育』之『朴信榮講師會談』案」。

除此之外，也可以在分類的後方寫上要求事項：

電子郵件標題：【二〇二一下半年度「提案書教育」範例檔案】請求共享

由於電子郵件沒有固定的格式，所以只要依照自己團隊慣用的寫法去寫就好，重點在於以關鍵字作為電子郵件的標題。

這為什麼那麼重要？

因為未來常會出現需要搜尋郵件的情況。若將郵件標題寫成「我是朴信榮～」、「您好」、「向您報告」這種型式，就得打開每一封郵件確認內容，才能找到要找的資訊，非常耗費時間，感覺都要急死人了。

如果你一天需要收發很多郵件，那麼，在標題後方標上「○○案」，絕對能幫你省下許多時間。

✕	電子郵件標題：我是朴信榮～
○	電子郵件標題：【附件】A專案之會議記錄／〈A專案之會議記錄〉已夾帶於附件中。

相同的道理，在發送附件時，若以「○○案_日期_撰寫人」或「○○案_主題_日

期_撰寫人」的方式命名，就能輕易找到檔案，例如：

> ✕ 檔名：報告相關文件.docx
>
> ○ 檔名：簡化報告_報告書分類_20210223_朴信榮_ver. 3.docx

至於電子郵件內容，則可以這樣開頭：

> ○○部門／○○主任：
>
> 您好，

我是○○部門的○○○。（**簡單問候**）

這是「二〇二一下半年度「提案書教育」之朴信榮講師會談」的結果，要與您共享。（**寫這封郵件的目的**）

還有，雖然也能寫成長篇大論，但若是依照下面這種方式，先**依照各項目架構化**之後再寄出，這封郵件看起來就會更完美（見第二三〇頁之圖表 3-34）。若遇到難以架構化的情況，可以改用編號，例如：

1. 會議概要。
2. 協議內容。
3. 執行細節。
4. 要求項目。

先像這樣以架構化的方式寫完後，在信件的最後，要記得整理出「我最終想要提出的要求是什麼」，並告知對方，寫下「請○○」、「請給我答覆」等回應。

關於以上兩項要求，請告知可商議的時間，
我會到您那裡拜訪，
謝謝。
○○○敬上

整理出想提出的要求

以感謝詞結尾

也就是說，可以將電子郵件的核心整理成「我想傳達的事情」＋「要請你做的事情」。如果不寫出這些重點，對方在看完一長篇信件後，找不到核心資訊，很可能只能再次詢問：「所以你要我怎麼做？你需要我做什麼？」

因此，我們要將希望對方看完這封信之後採取的行動，以「你需要做的事情就是這個」的方式寫在信尾，並加上底線。

當然，為了不要冒犯到對方，請記得在信的開頭和結尾，分別加上禮貌的問候和

圖表 3-34　寄信前，將各項目架構化

會議概要	
協議內容	
執行細節	
要求	

感謝語。

讀郵件時，如果對方一下說這個、一下說那個，真的很令人討厭；所以，在寫郵件時，我們不能想到什麼就寫什麼，因為這會讓人難以閱讀，因此，我想在此特別強調，必須「下意識的架構化」才行。

如果我有一件事要告知對方，還想詢問對方三件事時，不要寫成「我想告知您……還有我想要請教您……」這樣的文字，而是在信件的開頭就整理成：「因為有些事項需要『告知』和『詢問』您，所以才會寄出這封信。」然後，再有架構的寫出後面的內容。

整理好之後，就會像下頁圖表 3-35 一樣。

圖表 3-35　有架構的電子郵件

收件者　（金科長 ×）

主旨　【合約及○○專案】業務事項告知及詢問

科長您好，

我是○○部門的○○○。
有些事項需要告知和詢問您，所以寄出這封信。

〈告知〉

1. 已寄出您上次提到的○○○合約書正本與所需資料。先前雖然告知您需要 20 天，但我後來以××件快速寄出。

〈詢問〉

1. 我想將費用處理為○○專案之○○案花費，請確認這樣做是否沒有問題。
2. 以下省略。
3. 以下省略。

以上是我的 3 個問題，希望您能撥空回覆，感謝您。

金成智　敬上

11

會議報告書：重現會議精華，逐字稿是大忌

「你去將稍早開會的內容，整理成一張紙過來。」

我還記得，當我還是新進員工時，聽到這句話，只感到非常茫然。當時我敲著筆電，把會議內容打成逐字稿：

查理：（稍微陷入沉思）不能那樣做。

美路：（拍桌子）那你到底想要怎麼做？

秀晶：（緩解氣氛）我們都再想想看好了～

美路：（尷尬）好，再想一下。

當時的我，不知道是否該像書記官或劇作家一樣，連一個助詞都不放過、全部記錄下來，或是應該以何種方式記錄才好，腦中一片空白。

不過，要是當時的我懂得思考：「會議報告書的核心問題是什麼？」寫會議報告書就會變得非常簡單。

當然，如果你的公司規定每個字都得記錄下來，那就照著規定走，但如果沒有硬性規定，那麼，只要按照下列方式書寫即可。

會議報告書的核心問題就是：

「最後在會議中做了哪些決定？所以未來需要做什麼？」

會議報告書，是以事實為主的報告，所以不需要附上改進意見。寫得好的會議報告書，可以讓沒參加會議的人讀過之後心想：「原來做出了這些決定，所以只要這樣執行就可以了。」目次請參考下頁圖表3-36。

圖表 3-36　會議報告書目次

預期主管會提出的問題	目次
「為什麼召集大家？有誰？什麼時候？在哪裡？」	會議目的與概要
「你們談了什麼？」	報告事項
「所以決定要怎麼進行？」	協議內容及後續處置（行程、窗口、成品形式）
「你需要我怎麼做？」	要求

首先，要先記錄會議目的，也就是為何召集大家。接著，以彼此來自不同部門所召開的會議特性上來說，有誰、什麼時候、在哪裡召開等基本事項也非常重要，因此，你可以先列出會議概要，將這些項目記錄下來。

另外，哪些部門分別報告、發表了什麼內容、對此做了哪些協商等，必須按部門和項目分類、記錄事實。當然，書寫時必須以核心關鍵字和數字根據為主，決議事項則必須將已定案事項及未定案事項，個別分開標示。

此外，會議的最終目的，就是執行。為了提升工作效率，重點在於記錄執行後續處置（follow-up）的三項要素——由誰（負責人）、到什麼時候（期限）、需要做什麼（成品形式）。

這三項內容必須很明確，才有辦法從離開會議室的那一刻起，就開始執行決定好的業務。此外，若有什麼特別的要求事項，也要一併寫上，例如：

請金琳主任於開會前一天的下午五點前，完成共享資料的發送（e-mail：ask@planningschool.co.kr）

另外，用電子郵件發送整理好的會議記錄時，最好明確指出共享那份會議紀錄的對象是誰。如果不清楚共享對象有誰，為了避免之後揹黑鍋，請你在寄信前，客氣的和決策者討論一下，例如：「請問這份文件，可以分享給○○部門的○○○嗎？」

我們先來看看下頁的一頁報告書⑳的範例，接著再到一頁報告書㉑（第二三八頁），學習該如何填寫各項目。

一頁報告書 ⑳

會議報告書範例

2020.02.26. 營業部門　金成智主任

1. 會議概要	
目的	A 專案執行報告及後續處置檢驗。
時間	2020.02.20.
地點	企劃學校大樓 203 號。
出席者	營業部門金部長、營業部門金主任、行銷部門朴部長、行銷部門徐副理、企劃部門李部長。
2. 報告事項（*星號為附件）	
營業部門	**〔銷售現況報告〕** 16 億銷售額（占目標 80%）。
行銷部門	**〔消費者反應報告〕** 第一次上市後，加入會員的消費者有 203 名（比目前增加 5%）。

（接下頁）

3. 協議內容及後續處置	項目	成品形式	負責人	日程
	新客戶端第二輪提案書撰寫（已定案）	提案書發表 5 分鐘。 *前一天共享的資料	營業部門金部長	2020.03.13.
	第一次消費者反應調查（已定案）	消費者定性調查，報告結果 5 分鐘。 *前一天共享的資料	行銷部門朴部長	2020.03.13.
	第二次上市時間（未定案） → 研究競爭公司狀況後決定。	競爭公司情況分析。 *前一天共享的資料	企劃部門李部長（案例研究報告：企劃部門金主任）	2020.03.17.

4. 要求
請金琳主任於開會前一天的下午 5 點前，完成共享資料的發送（附上電子郵件地址）。

一頁報告書 ㉑

會議報告書框架

標題寫成「○○專案會議紀錄」即可。

會議紀錄時間、填寫者部門、姓名、職稱

1. 會議概要：簡單整理出為了什麼事情、什麼時候、在哪裡、誰召集了會議。	
目的	
時間	
地點	
出席者	

2. 報告事項／主要議案： ・記下會議中報告、發表了什麼，以及主要提案為何。 ・好幾個部門一起召開的會議，就以部門為單位；同一個部門內的會議，則以個人來填寫表格。 ・依序整理各項目的報告、共享或討論內容。	
○○部門	〔○○專案報告〕 報告內容以數值、結果為主。
○○部門	〔○○專案報告〕 報告內容以數值、結果為主。

（接下頁）

3. 協議內容及後續處置	項目	成品形式	負責人	日程
・按協議內容來分類，整理出負責人、日程、成品形式。 ・各項目分別標示定案／未定案。 ・未定案者 → 記錄後續執行方案。				

4. 要求
寫出日後在執行上的要求事項。

12

結果報告書：只要寫以後你打算怎麼做

結果報告書的核心問題是什麼？

其實，答案就在這個問句之中：「**結果怎麼樣了？還好嗎？**」

若結果一切都好，那就沒有什麼大問題；但假如結果不理想，就必須告知對方結果為何不好、未來該如何應對。

撰寫結果報告書時，可參考下頁圖表3-37的目次。

讓我們翻到第二四二頁，看看一頁報告書㉒的範例，再到一頁報告書㉓（第二四四頁），學習該如何填寫各個項目。

圖表 3-37　結果報告書目次

預期主管會提出的問題	目次
「結果怎麼樣了？」	結果
「為何會有那種結果？」	原因
「所以接下來該怎麼做？」	後續處置
「你需要我怎麼做？」	要求

此外，根據要報告的結果不同，你也可以自行變動項目。

例如，在教育員工時，因為在舉辦教育課程上花了一大筆錢，所以主管可能會想知道，這些課程教導的內容，哪些可以應用於目前的工作上。

適用於此的目次，可參考第二四五頁的圖表 3-38。

只要像這樣加上主管會感到疑惑或好奇的地方，就能重新調整項目。

畢竟，正如我前面所述，報告書的核心，不是死守決定好的目次，而是確實回答主管的問題。

一頁報告書 ㉒

結果報告書範本

2021.02.26. 營業部門　金成智主任

專案進行期間：2020.06.01.～2021.02.07.

1. 專案結果	去年 6 月開始推動的 F 公司 158K 10 艘船（5＋5）接單失敗。 → 競爭公司之 H 公司以「3,500 萬美元／船」接單。
2. 原因	**若與其他競爭公司相比，在原價上略占優勢，但仍有下列劣勢：** 1. **交期**：因確保的船臺不足，無法滿足客戶公司要求的交期。 2. **仲介傾向**：F 公司仲介有較偏好 H 公司產品的傾向（推定）。
3. 原因詳細分析	**1. 交期：** 無法滿足 F 公司要求的交期。 → 為滿足 F 公司對於交期的要求，必須重新安排目前船臺配置。 → 雖然試著與其他公司調整行程，但全都通報無法配合。 **F 公司通報若 3 艘以上都無法滿足交期，就無法下單。**

（接下頁）

	2. 仲介傾向： F 公司仲介（Mr. Ma）有較偏好 H 公司產品的傾向。 → 參與 T 專案、Y 專案時，曾經推薦過 H 公司產品。
4. 後續處置	**為了掌握「2. 仲介傾向」，需要進行會談並聯絡對方：** 1. 在兩週內，與 F 公司仲介（Mr. Ma）進行會談。 2. 一週一次，定期聯絡 F 公司，並確認其配件數量下單動向。
5. 要求	為了因應接下來的 10 艘船訂單招標，需要先就船臺配置應對策略，進行協議。

一頁報告書 ㉓

結果報告書框架

標題寫成「○○案△△結果報告書」，在△△的部分寫下得到什樣的結果，例如：F 公司案丟單結果報告書。

日期、部門、姓名、職稱

專案進行期間

1. 專案結果	「結果如何？」 從結論開始，整理出某個案子得到什麼結果。 → 即使失敗，也要整理出最終結果為何，也可以加上其他公司如何成功得標。
2. 原因	「為何會出現那種結果？」 寫出是什麼原因造成失敗，若有好幾項，就分各項目撰寫；若原因是推定出來的，後面要標明（推定）。
3. 原因詳細分析	「那你怎麼不先做好準備？」 針對前面提到的原因，説明做了什麼協議、經歷什麼過程、出現什麼議題。
4. 後續處置	「所以未來要怎麼做？」 為了讓往後能得到不同結果，整理出由誰補救、時限為何、如何補救。
5. 要求	「你需要我怎麼做？」 整理出要請主管協調或協助執行的事項。

圖表 3-38　依主管想知道的事情，自行變動目次

預期主管會提出的問題	目次
「什麼案子？」	〔教育概要〕 形成、場地、講師、對象、 支出比例
「結果怎麼樣？」	〔結果〕 滿意度問卷調查
「為什麼會有那種結果？」	〔原因〕 和去年對比／其他教育對比， 評價提高／降低的原因
「未來該如何應用？」	〔可應用在目前工作上的部分〕 未來訓練員工時， 可以參考／改善的部分
「你需要我怎麼做？」	〔要求〕

13

統一體例，不要有特殊設計

接著，我們要確認報告書的格式，如字型、顏色、文章開頭等。

如果每個組員都使用不同的報告書格式書寫，那他們都得為了格式而煩惱，因此，如果能統一格式，就能將花在苦惱格式上的時間，拿來精進內容，彼此做起事來也會方便許多。

如果大家都很熟悉報告書的式樣，就能提高工作效率。我所推薦的格式，請見一頁報告書㉔（第二四八頁）。此外，我也整理出下列五項與格式相關的內容。

1. 編號。

將編號統一成1、2、3↓（1）、（2）、（3）↓1）、2）、3）吧！韓國公

務員書寫文件時，經常使用特殊符號，但是，為了讓更多人可以共同快速撰寫，比起必須一一尋找的符號，使用可以立即寫出的數字更有效率。

2. 分出項目的方括號：〔〕。

和只有一堆句子的段落相比，在前面以「〔」、「〕」先分出項目後，再寫出詳細內容，肯定更方便理解。

韓國公務員書寫文件時，經常在句子開頭使用括號，但在一般公司中，括號通常只用來闡述附加說明，因此，我會比較推薦使用方括號。

3. 文字分四種不同大小。

本文、副標題使用 10pt，要強調的核心關鍵字使用 12pt，標題使用 16pt，參考文獻來源使用 8pt。

當文字表中包含大量內容，必須調整字距時，可在 Word 上將字型（快速鍵：Ctrl＋D）→進階→字元間距，將縮放比例從一〇〇%調整至八〇～九〇%。

一頁報告書 ㉔

新細明體 10pt

○○案出差報告

新細明體 16pt、粗體、底線

出差地點：釜山　時間：2021.05.09.~2021.05.17

新細明體 8pt

2021.05.26. 企業策略組　朴信榮組長

新細明體 10pt、粗體

1. 出差目標	**1.〔M 公司〕：** 簽署 112K 合約（共 8 艘船）。 **2.〔C 公司〕：** H1428 號船（目前建造中）協議品質問題。 **3.〔G 公司〕：** 會見商船部門總監（Mr. Pre）及宣傳。
	1. 相關事項： （1）日期：2021. 05. 11. （2）地點：M 公司總部會客室。 （3）出席者：M 公司副總裁（Mr. Ma）、採購總監（Mr. Uli）、南經理。 1）M 公司總裁當日另有行程，不克參加。 2）南經理原行程臨時取消，今日一同參與。 ※出差目標 1、2、3，請分別對照其他欄位中的 1、2、3 確認結果。

新細明體 10pt

在詳細說明中，若想強調某些內容，可以選擇某個顏色作為特別色，但只能使用一種。

新細明體 8pt

（接下頁）

核心訊息用新細明體 12pt

3. 要求	C 公司客戶端突然表示要變更訂單，導致準備不足。 針對此事，準備以下應對方案： 1. 針對臭氧方式與技術開發召開部門會議，並列出採購企業目錄。 2. 客戶端檢討預計要求資料草案。

其他部分皆使用新細明體 10pt

※為了讓讀者清楚閱讀，書中報告書範例的字體、字級，並非仿照標示。

圖表 3-39　用格線強調重點內容

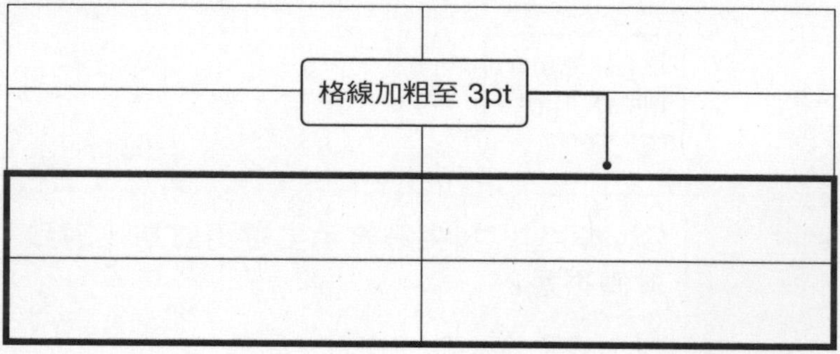

4. 使用單一強調顏色。

我會推薦使用 Word 字型色彩選項下方的標準色彩中，最靠左的深紅色。

5. 最簡單的表格。

①不要有特殊設計、維持基本風格、兩側無框線。

②表格格線使用基本設定的 1/4pt。

③強調格線加粗至 3pt（見圖表 3-39）、使用紅色，圖表或圖片也使用紅色標示。

④需要加上網底的格子使用灰色，除此之外，禁止使用圖片陰影等圖片效果。

如果你覺得：「大致寫一下就好了吧，一

定要用表格做成一頁式報告書嗎？」那麼，請你先比較下頁的一頁報告書㉕，和第二五四頁的一頁報告書㉖。

我個人認為表格看起來比較順眼，所以建議大家使用表格，不過，各位也可以自行判斷。

本章囊括了八種報告架構，各位可以直接借用這些架構，但由於每間公司和機關熟悉、偏好的用語都不一樣，因此，**請先詢問同事、觀察現有報告書**之後再使用。因為，讓人能輕鬆看懂的報告書，才是好的報告書。

一頁報告書 ㉕

不用表格的一頁報告書

2021.02.26. 營業部門　金成智主任

專案進行期間：2020.06.01.～2021.02.07.

1. 專案結果

去年 6 月開始推動的 F 公司 158K 10 艘船（5+5）的接單失敗。

→ 競爭公司之 H 公司以「3,500 萬美元／船」接單。

2. 原因

若與其他競爭公司相比，在原價上略占優勢，但仍有下列劣勢：

（1）交期：因確保的船臺不足，無法滿足客戶公司要求的交期。

（2）仲介傾向：F 公司仲介有較偏好 H 公司產品的傾向（推定）。

3. 原因詳細分析

（1）交期：

無法滿足 F 公司要求的交期。

→ 為滿足 F 公司對於交期的要求，必須重新安排目前船臺配置。

→ 雖然試著與其他公司調整行程，但全都通報無法配合。

F 公司通報若 3 艘以上都無法滿足交期，就無法下單。

（接下頁）

（2）仲介傾向：

F公司仲介（Mr. Ma）有較偏好 H 公司產品的傾向。

→ 參與 T 專案、Y 專案時，曾經推薦過 H 公司產品。

4. 後續處置

為掌握「（2.）仲介傾向」，需要進行會談並聯絡對方：

（1）在兩週內，與 F 公司仲介（Mr. Ma）進行會談。

（2）一週一次，定期聯絡 F 公司及確認其配件數量下單動向。

5. 要求

為了因應接下來的 10 艘船訂單招標，需要先就船臺配置應對策略，進行協議。

一頁報告書 ㉖

有使用表格的一頁報告書

2021.02.26. 營業部門　金成智主任

專案進行期間：2020.06.01.～2021.02.07.

1. 專案結果	去年 6 月開始推動的 F 公司 158K 10 艘船（5＋5）接單失敗。 → 競爭公司之 H 公司以「3,500 萬美元／船」接單。
2. 原因	**若與其他競爭公司相比，在原價上略占優勢，但仍有下列劣勢：** 1. **交期**：因確保的船臺不足，無法滿足客戶公司要求的交期 2. **仲介傾向**：F 公司仲介有較偏好 H 公司產品的傾向（推定）
3. 原因詳細分析	**1. 交期：** 無法滿足 F 公司要求的情況。 → 為滿足 F 公司對於交期的要求，必須重新安排目前船臺配置。 → 雖然試著與其他公司調整行程，但全都通報無法配合。 **F 公司通報若 3 艘以上都無法滿足交期，就無法下單。**

（接下頁）

	2. 仲介傾向： F 公司仲介（Mr. Ma）有較偏好 H 公司產品的傾向。 → 參與 T 專案、Y 專案時，曾經推薦過 H 公司產品。
4. 後續處置	**為掌握「2. 仲介傾向」，需要進行會談和聯絡對方：** 1. 在兩週內，與 F 公司仲介（Mr. Ma）進行會談。 2. 一週一次，定期聯絡 F 公司及確認其配件數量下單動向。
5. 要求	為了因應接下來的 10 艘船訂單招標，需要先就船臺配置應對策略，進行協議。

第四章

文字不能只有簡潔，要有忍不住讀下去的魅力

1

最實用寫作技巧——條列式

報告書不是文學作品，而是以傳達效率為優先的實用性作品，因此，報告書最要求的，就是簡潔的寫作能力。

值得慶幸的是，這種寫作能力，和關乎天賦的文學作品不同，實用性寫作只要經過訓練，就能輕易上手。我將相關內容整理成十個部分，其中包含九個寫作小訣竅，及一個寫報告書必備的工作習慣。

首先，太長的文章會讓人讀不下去，因此，為了提高傳達效率，報告書必須寫成條列式。什麼是條列式？字典定義如下：「寫文章時，在前面加上編號並斷成短句，羅列出要點或重要單字的方式。」

若要將文章變成條列式，要遵循以下步驟：

1. 前面加上編號。
2. 斷成短句。
3. 以要點為主撰寫。
4. 羅列單字。

為了讓大家能更輕易的理解，我們就試著將這首韓國經典兒歌——〈圓圓的太陽升起來了〉的歌詞變成條列式吧！

> 圓圓的太陽升起了
> 我從位子上起身
> 第一件事就跑去刷牙
> 刷完上排刷下排

洗臉時要洗乾淨
左擦擦啊　右擦擦
綁好頭髮　穿上衣服
照一照鏡子
細嚼慢嚥的吃完早餐
揹上書包和家人說再見
出發前往幼兒園
充滿活力的出門囉

歌詞變成條列式時，則可以整理成以下這樣：

〔條列式〕

前往幼兒園之前必須做的八件事

1. 刷牙。
2. 洗臉。
3. 綁頭髮。
4. 穿衣服。
5. 照鏡子。
6. 細嚼慢嚥的吃早餐。
7. 揹書包。
8. 說再見。

Q：我的報告書是難以閱讀的文句式，還是可輕鬆閱讀的條列式？

2

範疇化：依空間、時間、優先順序分類

前面的例子，看起來似乎還有改善的空間，那麼，為了幫前面這篇條列式文章畫龍點睛，我們還需要「範疇化」。什麼是範疇化？我們先來看看範疇的定義：

具有相同性質的分類或範圍。

從字典上的定義看來，這代表我們要將同一性質的分類或範圍綁在一起。

那麼，又該如何將前面條列出的「前往幼兒園之前必須做的八件事」，做好分類並綁在一起呢？首先，我們可以依照空間來綑綁。這些事，有些得在廁所裡做、有些得在衣櫃前做，還有要在客廳中做的事情。

〔以空間分類〕

1. **廁所**：刷牙、洗臉。
2. **衣櫃前**：綁頭髮、穿衣服、照鏡子。
3. **客廳**：吃飯、揹書包、說再見。

除此之外，也可以把時間當成分類標準。

〔以時間分類〕

時間	要做的事
8點～8點10分	刷牙、洗臉。
8點10分～8點20分	綁頭髮、穿衣服、照鏡子。
8點20分～8點40分	吃飯、揹書包、說再見。

如果待辦清單上的項目很多，我們可以依照優先順序來範疇化。

舉例來說，因為孩子不能光溜溜的去上課，所以不得不穿上衣服；為了教導孩子要有禮貌，也得將說再見放在優先順位；至於刷牙和洗臉，到了幼兒園也能做，因此放在第二順位……，依照父母和子女間協議的順序，可得出下列表格。

〔以優先順序分類〕

重要性	要做的事
最優先事項	穿衣服、說再見、吃飯。
鼓勵事項	刷牙、洗臉、照鏡子、揹書包。
可省略	綁頭髮。

若將條列式和範疇化結合起來，報告就會更為清晰（見下頁圖表4-1）。

圖表 4-1　結合條列式和範疇化

長篇大論

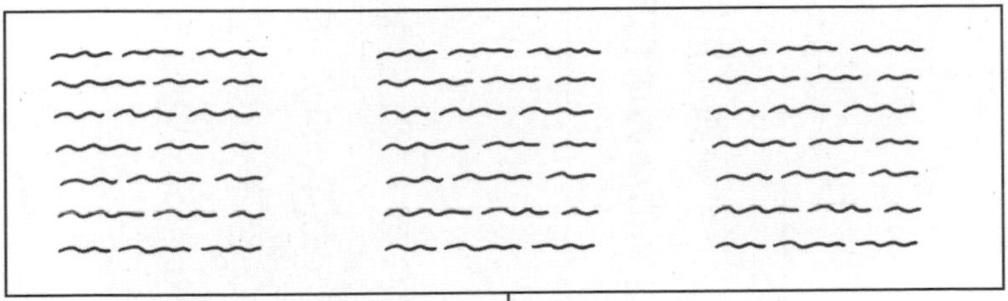

編號

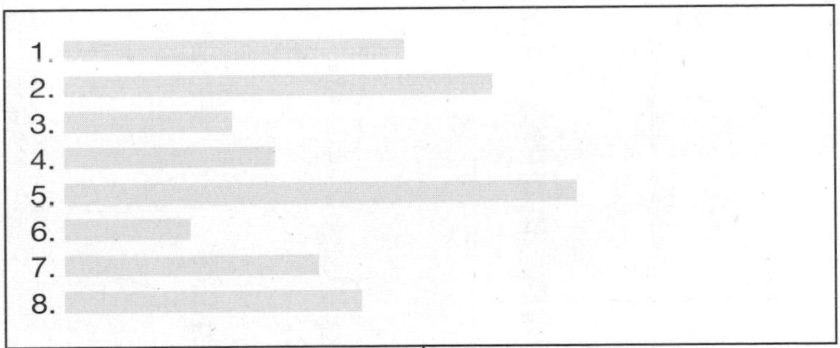

範疇化

以空間分類

〔A〕1, 2, 3
〔B〕4, 5, 6
〔C〕7, 8

以時間分類	要做的事
08:00-08:10	1, 2, 3
08:10-08:20	4, 5, 6
08:20-08:40	7, 8

另外，你也可以參考以下這些範疇化標準：

- 以空間分類：A、B、C。
- 以時間分類：時間單位、過去／現在／未來、應用前／應用後。
- 以肯定／否定分類：優缺點。
- 以加權值分類：優先順位、主力／非主力、義務／選擇性事項。

Q：我的報告書是單純的條列式文章，還是有經過範疇化？我有將一樣的項目綁在一起嗎？

3 避免重複和遺漏，分割過於籠統的內容

範疇化指的是將陳列的資訊綑綁在一起，使這份報告變得更好閱讀。那麼，如果不綑綁資訊，反而分割手中的資料呢？其實，分割過於籠統的資料，也是非常重要的報告書技巧。

簡單來說，分割，等同前面那首歌的這一句歌詞：「第一件事就跑去刷牙／刷完上排刷下排。」

1. 刷牙。

①上排牙齒。

②下排牙齒。

圖表 4-2　利用分割法分割項目

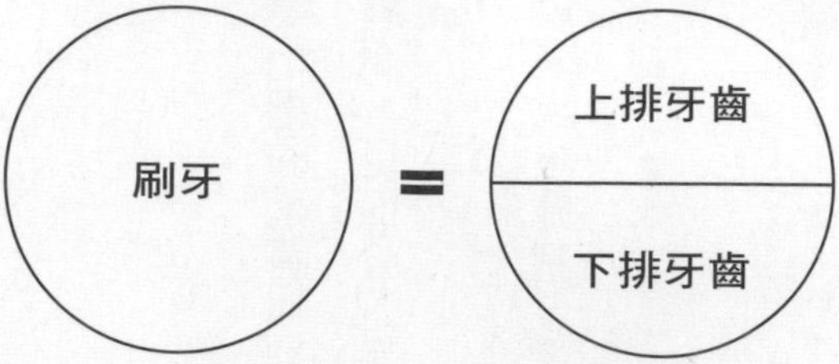

這首歌將刷牙這個籠統的概念，依照牙齒的位置分割出不同類別。

在我喜歡的電視節目《家師父一體》（按：韓國綜藝節目，節目成員到不同知名人士家中待上兩天一夜，觀察、學習名人的生活智慧）中，搞笑藝人梁世炯，向同是節目班底的演員李相侖發問：「你最近反省了什麼事情？」

首爾大學物理系出身的李相侖則立刻犀利的反問：「是大反省？還是小反省？」

如果我們能像這樣，培養出分割的習慣，溝通也能夠變得更為準確。

舉例來說，假設我們要設下「成長」這個目標，就有三種分類方法：

1. 質化成長／量化成長。
2. 內在成長／外在成長。
3. 短期成長／長期成長。

也就是說，根據分割的方式不同，行動計畫也會跟著改變。

例如，你不能籠統的寫下「對策」兩字，而是應該透過分割，更明確的統整出必須做的事情，像是：

1. 長期對策。
2. 短期對策。

如果懂得分割，也有助於尋找問題發生的原因。舉例來說，如果現在面臨的問題是銷售量減少，你可能會直覺性的寫下這句話：「問題：銷售量減少。」

不過，如果只放入孤伶伶的這幾個字，只會讓人感到茫然，不知道該先做什麼才好。

此時，若分成「銷售量＝來客數×結帳率×客單價（客人平均購買金額）」，就能從各角度檢視問題。

原來如此！雖然結帳率和客單價都還不錯，但來客數比上個月還低，所以核心問題（問題發生的原因）就在於低來客數。為了提高這項數據，則必須專注在提高來客數上。

若將客人再分割為新、舊顧客，還能針對新顧客和舊顧客的來客數，分別訂出提高來客數的方案。

或者，也可分為會影響銷售額的因素，如：商品×店員×賣場，盡可能的分割成多種項目，就能藉此找出原因和對策。

除了分割項目之外，分割一段過程，也是一個很常用的報告書技巧。假設主管說：「我們來實行一頁報告書寫作法吧！」此時，我們可以先分割「實行」一詞，確認它有幾個含義。

圖表 4-3　利用分割法分割過程

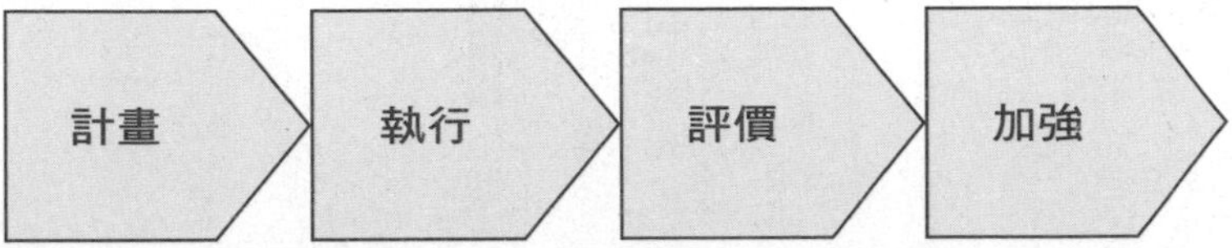

我們先簡單的將它分為四個部分。首先是計畫，也就是先決定好一頁報告書要寫什麼內容，然後是執行，也就是實際寫寫看，再來就要評價，若將此方法應用在當前業務上，會遇到什麼困難和問題？

得到反饋後，最後一步是加強，也就是改善、適應此寫作法的過程，因此，也會需要與之對應的行程、負責人和預算等項目。

若能像這樣做好分割，工作起來也會更有效率。如果報告書被退回來了，也可以確認對方是討厭整個架構，還是覺得A、B都很棒，只有C有問題。

這樣一來，就能減少需要全部重做、或不小心做白工的情況。

「如果您覺得A、B都沒問題，那這幾天我再以C為主，重新向您報告，這樣可以嗎？」你可以試著像這樣，明確的和主管協調意見，藉此提高工作效率。

除了根據情況分割之外，你也可以活用已經分割好的「框架」。比起想到什麼就說什麼，依照框架來說話，在整理內容時，能幫助你避免重覆和遺漏。

其中，最具代表性的框架就是六何法。

舉例來說，如果有人問你「昨天做了什麼」，雖然你可以滔滔不絕的講出一大堆話，但也可以根據六何法的框架來回答。

又或者，若有人問你「什麼是老古板」，你雖然可以長篇大論，但如果想在社群網站上引起共鳴、被分享出去，就要像下面這樣根據六何法作說明。

嗯，老古板就是會說出這六種話的人（用六何法幽默一下）：

Who：你知道我是誰嗎？

What：你懂什麼？

Where：你哪來的勇氣？

When：以前啊……

How：你怎麼能對我……

Why：我為什麼要那樣做？

如果將前面提到的兒歌〈圓圓的太陽升起了〉，根據What（結論）、Why（根據）、How（執行）的框架來整理，就會得到以下結果：

1. 結論：

〔前往幼兒園之前按時間必須做的八件事〕

2. 根據：

〔防止遲到〕只要照訂好的時間表來進行，就能節省時間。

〔防止遺漏〕不用擔心會漏掉該做的事項。

3. 執行：

時間	要做的事
8點~8點10分	刷牙、洗臉
8點10分~8點20分	綁頭髮、穿衣服、照鏡子
8點20分~8點40分	吃飯、揹書包、說再見

若照著框架來說，版面就會更乾淨、更有邏輯，也能讓對方更信賴你。

> Q：我的報告書很籠統嗎？有做出敏銳的分割嗎？我是以文句和段落來呈現內容，還是利用框架來呈現？

4 運用SMART概念，光看標題就讓人點頭

公司裡的事情，大多需要花錢，因此，如果想做什麼事情，就必須要有花錢的根據，所以，最好在標題就寫下你為什麼要做這件事。

舉例來說，我們在前面整理出的報告「前往幼兒園之前必須做的八件事」，標題看起來有點鬆散，看不出個端倪。你的主管可能很想知道，究竟為什麼要做這八件事。也就是說，你必須寫出做這件事情的目的或目標。

制定目標聽起來有點難，但其實有一個不怎麼常用到的「SMART」概念，可以幫助你迅速定位目標。想要訂立目標，你必須討論下列五個層面：

1. 具體的（Specific）。

2. 可測量的（Measurable）。
3. 可達成的（Achievement）。
4. 創造結果（Result）。
5. 明示時間（Time）。

那麼，我們先假設這首歌是寫給那些早上起床後，不知道該做什麼，晃來晃去、常態性遲到的孩子們，告訴他們，做這些事情就可以減少遲到次數。在樹立可達成的目標後，就能整理成：「**為減少五〇％遲到率，起床後的八件代辦事項**。」

或者，這也可能是一首媽媽為了讓剛上幼兒園的女兒，培養出良好習慣而創作的歌曲。據說，要形成一個習慣，需要花上二十一天，所以也可以像這樣標明期限：「**為了在二十一天內養成晨間習慣，起床後的八件代辦事項**。」

如果你的標題看起來毫無重點，或是缺乏吸引力，就記住SMART概念，練習替換目標吧！

像前面所說的那樣，在標題中加入可測量或達成的目標數字，能使其更具體化：

「健康經營」建議。

←

為減少醫療費而提出的「健康經營」建議。

←（計算出減少的醫療費）

為減少公司內部一〇％醫藥費而提出的「健康經營」建議。

至於加入目標，則會引起對方的興趣：

企劃能力課程建議。

←

為了**加強個人提案書撰寫能力**而提出的建議。

←

兩天內一人撰寫一份提案書的教育提案。

因為目標中包含了對方非讀不可的理由和可以獲得的利益，所以，這樣的標題肯定會吸引到讀者。

但是，如果標題太長，對於必須要檢討無數報告書的人來說，就會產生「這是在說什麼」的疑問，反倒混淆了視線。這時，你可以用主標題來替報告項目分類，再利用副標題寫上報告書的目標和獲益數字，例如：

健康經營建議：以減少公司內部一〇%醫藥費方案為主。

第二季教育建議：以加強每個人的撰寫能力為主。

Q：我的報告書上寫的是鬆散的資訊，還是有吸引力的目標及利益？

5

刪除多餘的助詞，只用明確的動詞和名詞

如前面所述，報告書應該是既明確又簡短的條列式文章，因此，在撰寫的時候，請盡量省略「所」、「的」、「得」、「了」等助詞。也就是說，寫的時候可以像下面範例一樣，不寫上助詞：

✕ 為了前往幼兒園，在那之前所必須做的八件事。

○ 前往幼兒園之前必須做的八件事。

另外，你也可以拿掉不必要的主詞，並避免「如果……」、「這樣比較……」等模稜兩可的句型，像下面範例一樣，把句子改得更好理解、更加簡潔：

✕ 如果要寫成簡短的條列式文章，我會比較推薦不要使用多餘的助詞。

○ 寫簡短的條列式文章時，要刪除多餘助詞。

寫報告書時，請拿掉不必要的助詞和主詞，並刪除模稜兩可的句型，讓你的報告書變得簡單扼要。

Q：我的報告書寫著滿滿的助詞嗎？有沒有整理出明確的動詞和名詞？

6 一句客觀事實，勝過一百句主觀話語

因為報告並不是小說，所以必須以客觀事實為基礎。「客觀」兩字的定義如下：脫離與自己之間的關係，站在第三者的立場上看待事情或思考。只顧著訴說自己的想法和情感，屬於第一視角，因此，我們也需要來自於第三者立場的資訊，你可以參考以下三種技巧：

1. 提出具體數據。

銷售量非常好 ⬇ 銷售量相較於去年增加三〇%。

身體太冷對身體不好 ⬇ 體溫每下降一度，免疫力就會下降三〇%。

2. 提出比較基準。

①項目相比：

這是非常高的數值⬇若**和**這五個先進國家**相比**，此**數值排名第二**，非常高。

②時間相比（和去年相比、和同期相比……）：

這是非常好的結果⬇**和**去年同期**相比**，**高出二三%**，是非常好的結果。

3. 提出判斷基準。

①以絕對量的數據為基礎（如統計、問卷）：

得到肯定的反應⬇針對**一百名對象**實施問卷調查，結果顯示**「七二%非常肯定」**，滿意度極高。

若沒有定量的數據時，就使用定性數據。

②以具有權威性的來源或數據為基礎：

預計二〇一八年銷售量增加

⬇根據〇〇的《半導體產業展望報告書》中之說法，我認為銷售量會增加。

⬇根據這方面的權威〇〇〇的說法／根據〇〇書的說法／根據〇〇博士說法，銷售樣預計會增加。

③案例研究、累積的案例：

這個有效⬇在A、B、C的案例中已證實有效。

④證詞：

這是有意義的功能⬇三十多名消費者證詞／實測結果／採訪結果證明，此功能對消費者具有意義。

⑤制度、規定：

必須這麼做才行⬇根據○○**規定**，必須這麼做。

當然，並不是只要客觀，就全都屬實。即使站在第三者的立場上看起來是對的，但人類的視角本來就有其局限，有時候只看得到局部事實。

不過，即使如此，這還是比站在第一視角上陳述更有意義，因為報告的讀者終究是別人，而不是自己，所以，若提出連第三者都能認同的根據，肯定更值得信服。站在聽取報告的立場上，比起一百句主觀的話，你一定更想聽到一個客觀的事實。

Q：我的報告書裡，只有我的主觀意見嗎？有客觀資料作為堅固的後盾嗎？

7

插入圖表和數據，用兩份數字幫你說話

公司以數字來運作的，因此，在公司的報告書上也必須看到數字。報告書上的副詞及形容詞，必須替換成數字，例如：

「早上起床之後，有很多事情要做。」

很多事情⬇**八件事**。

略低的銷售量⬇**兩億五千萬韓元的銷售量**。

而且，數字就是最明確的資訊。

「這樣不錯，那樣也不錯……對了，這好像也很不錯耶？」當你開始滔滔不絕的說出這些話時，請先想一想自己想說的事情到底有幾件。

請訓練自己說出「以這三個方式執行，預期效果最佳，第一個是……」這樣的句子，因為，要是你這麼做，從對方的立場看來，就會覺得你的報告變得更加明確，也沒有那麼無聊。

兩份數據互相比較，立刻顯現差距

如果單看一個數字，常會讓人產生「所以這代表什麼？這個數字是多還是少？是增加還是減少？」這樣的想法，這種時候就需要作出比較。報告書上最常使用的，就是根據時間流來比較。

十億銷售量⬇銷售量比去年減少一〇%。

原本心想：「十億又怎樣？」現在一看就可以理解，十億比去年還少，代表這不是值得慶賀的事情。

十億銷售量⬇**與**競爭公司**相較**，銷售量**少了一〇%**。

原本還想著：「十億，所以呢？」現在則一目瞭然，如果和競爭公司相比，還比對方少上一〇%，這確實是個嚴重的問題。

將問題換算成金錢

如果只在報告書中寫下「收到一個負面評價」，很難讓人有太大的感觸。然而，若將這個負面評論將造成的損害，轉換成金錢來計算，就會讓人感受深刻。

在A網站上，一個抱怨的曝光次數為一百零三次

＝**一百零三名潛在贊助人**受到影響

＝一百零三名×三萬韓元×十二個月＝三千七百零八萬韓元

一個抱怨⬇**一個可能使今年損失約三千七百萬韓元的抱怨**。

因為可以從數字上看出明確的損失，對於問題嚴重性的感受也會跟著加深。因此，報告書永遠都必須從財務上的角度，像是費用、利益等因素來著手才行，畢竟公司營運的關鍵，在於是否能多賺點錢或少花一點成本。

所以，你可以先思考一下，你的提案在下列三點當中會產生什麼樣的效果，然後再試著整理。

1. 創造收益（銷售量）。
2. 減少費用（成本）。
3. 機會成本最小化（預期損失最小化）。

Q：我的報告書裡是否充斥著抽象的形容詞？有從財務上的角度，提到數字＋比較＋金錢，明確的整理出重點嗎？

一目瞭然的數字標記方式

說到數字，讓我們來確認一下數字的標記方式。我在這邊提供韓國官方統一的標準，雖然我推薦這種標記方式，但如果你的公司有自己的風格，我會建議你還是優先遵循公司的標記方式（見第二九一頁之圖表4-4）。

首先，這是韓國國立國語院（按：大韓民國文化體育觀光部下屬的韓語研究機關）網站上，「一目瞭然的公文書正確寫法」檔案中的日期及時間標記方法。

雖然大部分的人都記得在年分和月分後面加上句點，但很多人會省略掉日期後方的句點。請各位記住，日期後面務必要加上句點。

如果將二〇二〇年二月二日寫成「2020. 2. 2」，省略掉最後面的句點不寫，其實這就和寫成「二〇二〇年二月二」沒有兩樣，少了一個「日」字，等於只寫到一半就停了。

另外，如果不在最後標上句點，反而有被別人移植其他數字上去的可能性，因此我勸各位務必要加上句點。

建議各位在公文書或合約書的數字後方加上括號，並再以大寫數字標記一次，以避免發生誤植數字的情況：

〔範例〕113,560 元整（壹拾壹萬參仟伍佰陸拾元整）

但這種情況對一般企業來說似乎不太常見。

由於各處使用的標準不同，所以我試著根據標準案整理了一下。如果想看整體內容，可自行至韓國行政安全部網站查看，或至韓國國立國語院的搜尋資料選單中，下載檔案（按：臺灣官方發布的日期寫法，請見第二九二頁之圖表 4-5）。

圖表 4-4　這樣寫，報告一目瞭然

日期	**省略年、月、日等文字，改以英文句點標示。** ✕ 2021 / 2 / 2、2021 年 2 月 2 號 〇 2021. 2. 2.、2021. 2. 2.（五）
縮寫日期	**可利用英文單引號「'　」縮寫年分。** 2021. 2. 2. ➡ '21. 2. 2.
標明期限	**使用波浪號（～）或連接號（－）標記。** • '21. 2. 2. ～ '21. 2. 4. • '21. 2. 2. ～ 4.（可省略重複的部分）
時間	**省略「點」、「分」等文字，改以冒號區分。** ✕ 12 點 12 分 〇 12：12
金額	**以千元為單位並以逗號為區分。** ✕ 113560 元 〇 113,560 元

圖表 4-5　臺灣各機關橫式日期書寫方式

臺灣官方公文書中，日期怎麼寫？

為了統一臺灣各機關的公文書寫方式，行政院亦發布檔案「公文書橫式書寫數字使用原則」，橫式書寫日期之原則為：

民國 93 年 7 月 8 日

更多資訊請參考：

用來比較數據的三種圖表

說到數字，能更有效果呈現出數字的就是圖表。讓我們來看一下報告書裡常用的三種圖表吧。

當我必須呈現一些數字（數據），並要以比較的類型來呈現時，就會使用下一頁提供的三種圖表（見下頁圖表4-6）。既可以將三種圖表分開使用，也可綜合使用。

舉例來說，本公司產品的銷售量雖然隨著時間流動而正在增加，但是，若透過項目比較，就會發現和競爭公司相比，數值其實非常低。

圖表 4-6　3 種圖表類型

	比較同一時間點的多個項目	比較同一項目的時間流	比較某個項目在所有項目中的結構比率
範例	本公司淨利低於同業 A、B，排行第三。	本公司淨利在過去 3 年之間增加了12%。	C 產品在本公司全體銷售額中，占了最低的12%。
圖表類型	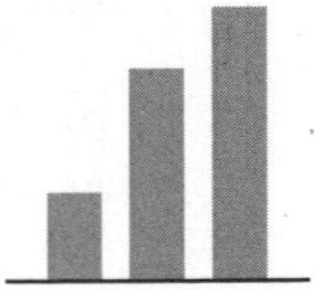 直條圖	 折線圖	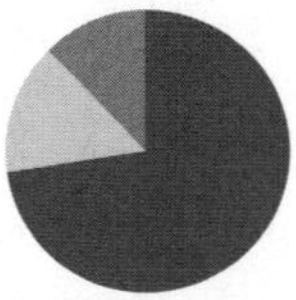 圓餅圖

圖表 4-7　用多種圖表綜合檢視現況，問題更明顯

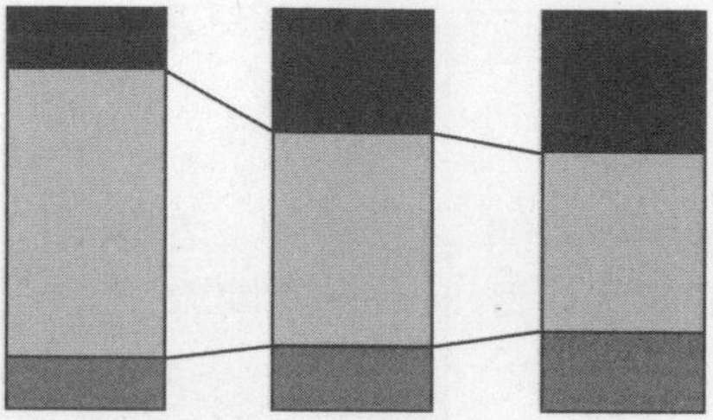

那麼，就無法單純因為銷售量增加而感到開心，因為這樣的增加，很可能不具太大的意義。

若以綜合層面檢視現況，問題就會更加明顯。這時，把時間比較和項目比較結合起來，就會更清楚（見圖表 4-7）。

一秒就能繪製完成的圖表

讓我們來看一下，該如何畫出清楚的圖表。這和設計無關，而是與訊息有關，因為，我們不能只是附上數據，而應該透過這些數字來傳達訊息。

1. 原始數據。

在我共事過的主管之中，有人希望能像這樣一一

圖表 4-8　原始數據表格

年度別烏龜頸症候群

年分	診療室人員（一千名）		
	男性	女性	總計
2011 年	994	1,403	2,397
2012 年	1,036	1,437	2,472
2013 年	1,061	1,441	2,502
2014 年	1,095	1,476	2,572
2015 年	1,121	1,487	2,608
2016 年	1,163	1,533	2,696
年平均增加率（%）	3.2	1.8	2.4

確認所有數字，那麼，直接交出如圖表4-8一樣的表格，就是對的選擇。

但如果對方說「這樣我不知道要看什麼」，或是想看更大的方向，而非每個數字，希望你可以修正一下時，你可以參考第二點，改以圖表來呈現資訊。

2. 圖表。

打開 Word 之後，點選「插入>圖表>直條圖」，可以畫出如下頁圖表4-9的數據圖。

另外，第二九七頁之圖表

圖表 4-9　直條圖

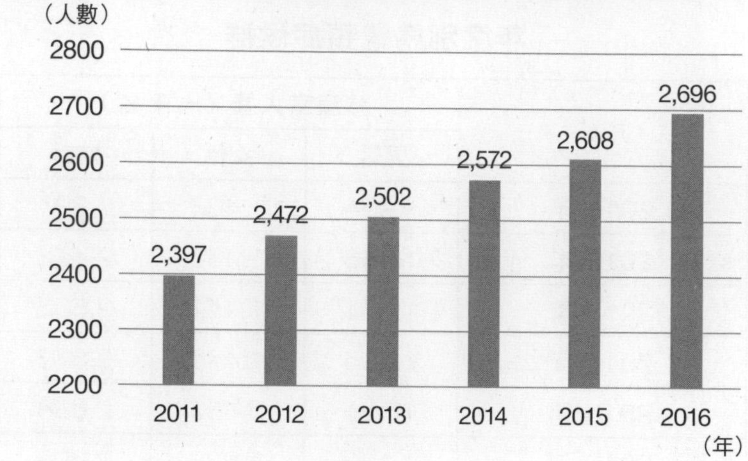

4-10，則將直條圖改成折線圖，藉此展現出五年來，數字根據時間增加的現象。

看完了，所以呢？這些只不過是一堆數字和圖表罷了，跟把注音一個個排在一起沒有兩樣，就像是有人對你說：「五年來的趨勢就是如此，你自己看著辦吧！」令人感到非常茫然。

因此，我們必須記得，**我們該報告的不只是數字，還包括這些數字訴說出什麼訊息**（見下頁圖表 4-11）。

最後，要再加上關鍵訊息（核心訊息），這個報告才會變得完整。就算你想出的關鍵訊息是「五年內增加了三十萬名，狀況非常危險」，也完全沒問題。

圖表 4-10　折線圖

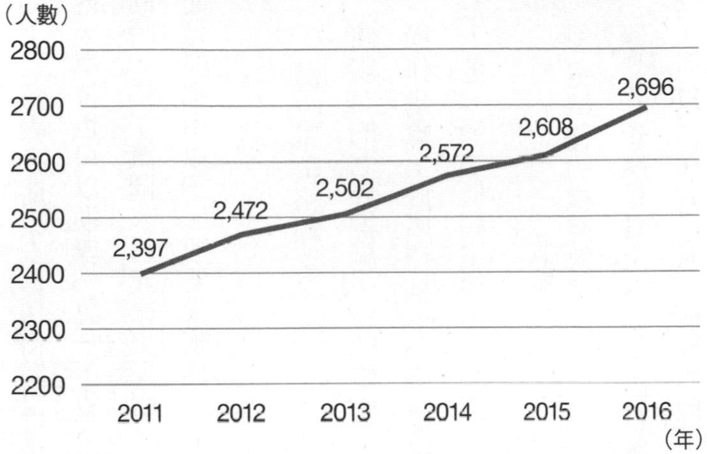

圖表 4-11　只有數據沒有用，要插入核心訊息

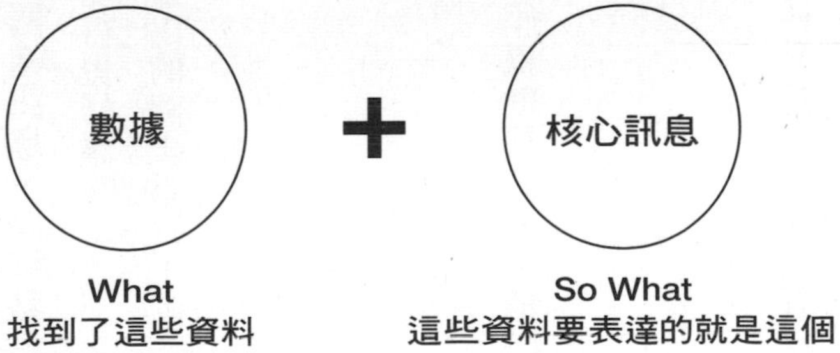

3.圖表＋關鍵訊息。

如下頁圖表4-12所示，你可以將這份圖表或報告的關鍵訊息，以重點色標示在圖表旁邊，單位也可以換成「萬」，省下圖表空間，也變得更好讀。

同時，為了讓圖表看起來更顯眼，不要將Excel畫出的圖表原封不動的搬到報告上，而是要利用以下三項要素來加工：

①減少單位格線：

將現有的七條線減少成四條線，就會比較好看懂。

操作步驟：於座標軸上點擊滑鼠右鍵，選擇「座標軸格式＞座標軸選項＞變更最大值、最小值和主要刻度間距」。

②選擇性的標記數字：

雖然許多座標軸上會標上詳細數字，但這裡的核心是要呈現出五年內的增加趨勢，所以只標記了五年前後的數字。

圖表 4-12　在圖表中標示出關鍵訊息

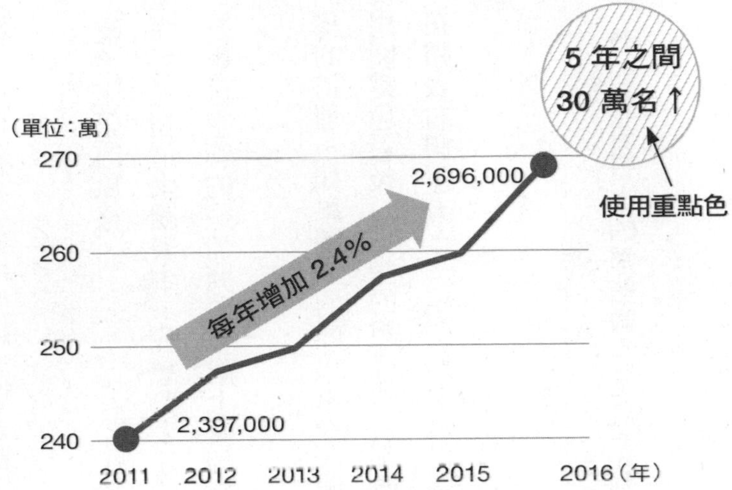

操作步驟：於需要標記數字的地方點擊滑鼠左鍵一下，再點擊右鍵，並選擇「新增資料標籤」。

③加上箭頭：

為了強調增加趨勢，可在圖表上加上箭頭。如果主管不需要了解每一年的增加趨勢，只需要了解五年內的增加趨勢，等於只要掌握大流向即可，那麼，想呈現的東西就可以用「從多少→到多少＝變成這樣」的形式，繪製成三〇一頁圖表4-13這種更簡潔的圖表，這樣你想傳達的訊息，就會變得更加清楚。

但是，這種圖表不適用於講究要求數字準確性的主管。因此，請遵循下列重點：

1. 配合主管的風格。
2. 先思考在這張圖表中，我想要表達的是什麼，然後刪除其他內容。
3. 為應付主管的追加問題，附上原始數據。

同樣的道理，如果圖表的顏色太多，關鍵訊息就會不見，因此只要在想要強調的地方使用關鍵色彩後，其餘的組成項目都改成灰階，只調整亮度（見下頁圖表4-14）。

最後，在圖表右側下方，一定要寫上這份圖表的資料來源。

Q：我的報告書上的那些數字是無意義的存在？還是含有關鍵訊息呢？

圖表 4-13　加上箭頭，強調增加趨勢

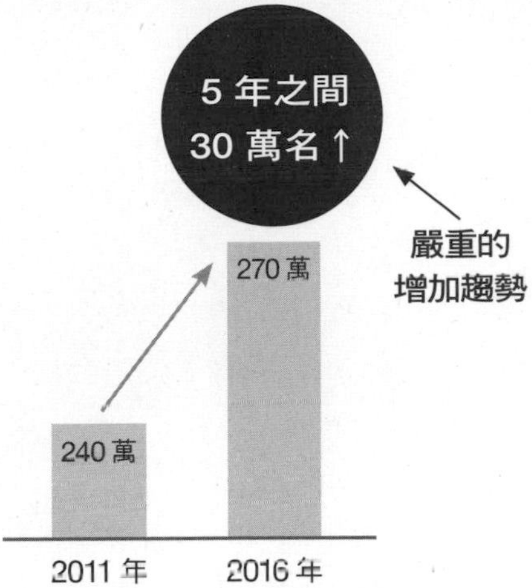

圖表 4-14　除了重點色，其他地方都用灰階

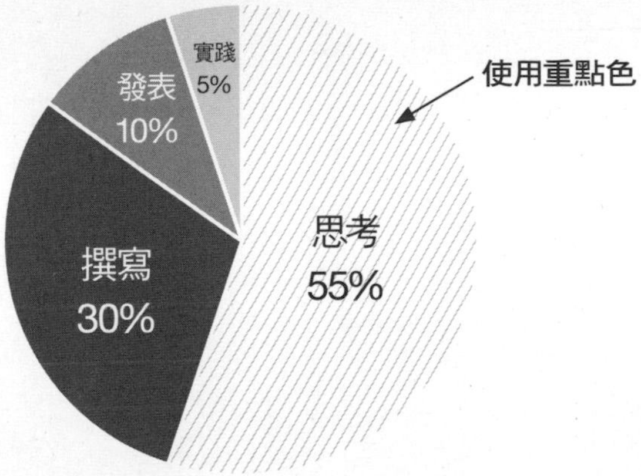

8 可以正式，但不能太過正式

口語和書面語，哪個比較好？最普遍的答案，肯定是書面語。

敬請回覆是否出席。

VS.

請以電子郵件回覆是否能出席會議。

寫報告書時，書面語比較簡明扼要。更何況，以一頁報告書的情況來說，書面語的準確度自然相對較高。

然而，我們也需要正視世代在改變、寫作的方式也不斷變化這項事實。大部分的工作團隊中，年輕人肯定都越來越多，而且比起國語，他們甚至更熟悉英語；比起厚重的書本，他們更習慣以秒為單位的影片。

那麼，若要求他們繳交一份只能使用書面語的報告書，真的是正確的做法嗎？我們是否該繼續使用較艱澀的詞彙，儘管它們反倒降低傳達效率呢？我們必須重新審視這個問題。

韓國字典《斗山百科辭典》中，關於書面語的說明如下：

韓國的書面語大致能分為言文一致運動（按：藉由語言和文章的一致，讓表現思想及感情的方式更自由、更正確的文體改革運動）之前，和言文一致之後兩種類型。在言文一致之前的書面語幾乎都是使用漢文，展現出非常不同於口語體的文字語言生活獨特樣貌。

過度艱澀的書面語，其實很容易降低傳達效率。

我去過很多公司授課，透過教課的過程，我發現傳統企業、新興企業和外商公司，偏好的文章風格都非常不同，並為此感到震驚，甚至不免懷疑：「我們真的生在同一個時代嗎？」在這間公司的滿分文章，到了另一間公司卻被當作反面教材使用。

正確答案是什麼？雖然這得根據各公司氛圍而定，但我還是想要建議大家，如果要使用過於正式的書面語，可以稍微節制一點。

1. **結論：**推薦使用書面語。
2. **根據：**相較於口語，更簡明扼要，適合用於一頁報告書上。
3. **需要審視的部分：**
① 〔世代變化〕年輕人熟悉英文和影象，對過於正式的報告書文體反感。
② 〔企業文化〕大企業（偏好較艱澀的書面語）VS. 新創、外資企業（偏好以英語為主的口語體）。
4. **要求：**
① 可根據公司的氛圍而定，但必須節制使用過於正式的書面語。
② 使用口語簡化過於艱澀的句子。

如果我們將一開始提到的「敬請回覆是否出席」的「敬請」，改成「麻煩」，藉此追求更簡單的報告書文體，會怎麼樣呢？

我有時候會想試試看，寫一份非常正式、充滿韓文漢字的報告書，不過，明明腦中有很多內容，卻怎麼樣都寫不出來。其實，我們平常母語說得很流利，但若突然要我們用英文表達，卻什麼也說不出口，也是同樣的感覺。

這種時候，如果用母語，將自己想說的話全部寫出來，再翻譯成英文，也是一個不錯的做法。有時候，我在寫報告書時，也會像是寫給朋友一樣，先用簡單的文字全部寫出來，然後再改成報告書用語。

Q：若你正在使用過於困難的書面語寫報告，那就寫得簡單一點吧！究竟是看起來很正式比較重要、還是能順利傳達訊息比較重要呢？

9

縮寫效率高，但要用對地方

特斯拉（Tesla）執行長伊隆・馬斯克（Elon Musk）曾告訴旗下員工，若不使用直觀又簡單的單字表達，就會開除他們。甚至還曾在二〇一〇年寄給全體員工的電子郵件標題中寫下「縮寫真的很爛」（Acronyms Seriously Suck）。

但很多時候，報告書上都是因為有這些縮寫，而變得簡潔有力。那到底該用還是不該用？這點會根據看報告的人是誰、情況如何而有所不同。

在工程師之間傳閱的報告書，沒有必要刻意解釋那些專業用語，這種時候，使用縮寫的傳達效率會比較高。

但若是要交到其他部門的報告書，當然就必須寫得簡單一點，否則，這就像是見到中國人卻說法語一樣，是毫無邏輯的行為。

我之前曾在網路笑話版上看過一篇文章，名為「和宅配司機的對話」，看完之後不禁捧腹大笑。內容如下：

宅配司機：包裹放在頂樓冷氣室外機的後方。

我：好，非常感謝您。😊

宅配司機：包裹在頂樓室外機那裡哦。

我：好，您辛苦了。😊

宅配司機：包裹在頂樓室外機。

我：好，謝謝您。😊

宅配司機：包裹頂樓室外機。

我：好，謝謝。

宅配司機：頂樓室外機。

我：謝謝。

宅配司機：室外機。

我：好。

宅配司機：ㄕㄨㄐ。（室外機三個字的頭一個注音）

我：ㄣ。

如果這名宅配司機一開始就只打了「ㄕㄨㄐ」，應該沒有人看得懂是什麼意思。但由於先前已經累積了關於這件事的對話，代表已經有了共享的「專業語言」，在這種情況之下使用，就可以簡潔明瞭的提高傳達效率，因此，請先看一下眼色，並選擇適合的情境使用。

10 有了一點進度，就先拿給主管看看

接下來要講的是，在報告過程中最好能做到的兩件事。

第一件事是中間報告，也就是在執行一部分後，先將那些成果拿給主管，請他確認是否符合他的期望。為了節省寶貴的勞動力，請務必藉由中間報告來確認大方向。要是爬山爬到一半才發現：「唉唷，好像不是這裡耶。」那肯定很尷尬。

我們來看一個常見的情境。

好不容易完成艱難的工作後，跑去告訴主管：「您先前要求的東西在這裡。」結果，主管卻回應：「這是什麼？這根本就不是我要你做的東西啊？」你是否曾經遇過這樣的狀況？

其實，這種情況隨時都有可能發生，因此，在執行之前，也就是收到工作業務的

那瞬間，就應該先確認過以下幾個事項：

1. 確認主管的指示。

- 您要我做的是根據〇〇動向來整理出△△，對吧？
- 要以〇〇方式來整理△△，您是這樣想的對嗎？

也就是說，最好先確認自己和主管的想法是否一致。有時候，雖然主管自己也不太清楚確切目標，但為了先做出一點進度，主管會先提出一個可變動的要求，這種情形其實很常見。若遇到這種狀況，部屬一定要在執行到某個階段時，向主管確認是否有誤。

2. 透過中間報告檢討整體方向。

先讓對方看過整理好的目次，告知主管：「我打算以這種方式來整理。」事前確認過主管的意向、取得同意，或是再執行一段時間，再問：「我目前是以這種方式進行，想要像這樣再加強一下，這樣沒錯吧？」

也就是說，透過中間報告，可以確認是否需要追加或刪除資訊，並檢查大方向。

而且，因為是已經事先協議好的內容，所以在繳交報告時，就能避免在那一瞬間聽到「這是什麼東西？！」這種話，害自己必須從頭準備報告、根本做了白工。另外，因為你是拿著做到一半的成果來協議，所以可以得到更詳細的反饋，並和主管深入討論，讓工作變得更有建設性。

當然，也會有些主管不想要得到反饋，就是那種「別來問我，你自己看著辦」類型的主管。中間報告，並不是要你模仿剛接觸世界、充滿好奇心的三歲小孩，「這個要這樣做嗎？」、「還是要那樣做呢？」、「這個為什麼會這樣呢？」……每一項細節都要問，問到令人煩躁的地步。

我會建議各位，整理好簡潔扼要的目次、主要的頁面架構之後，再拿給對方看，藉此做簡單的協議，並在採取行動時，隨時觀察對方是否有稍微露出煩躁的神色。

另外，除了目次之外，最好也在中間協議一下對方期待看到的成果。例如，即使主管說了「這個案子由金主任全權處理」，之後還是有可能會說出「不是，這為什麼

圖表 4-15　有和沒有做中間報告的差異

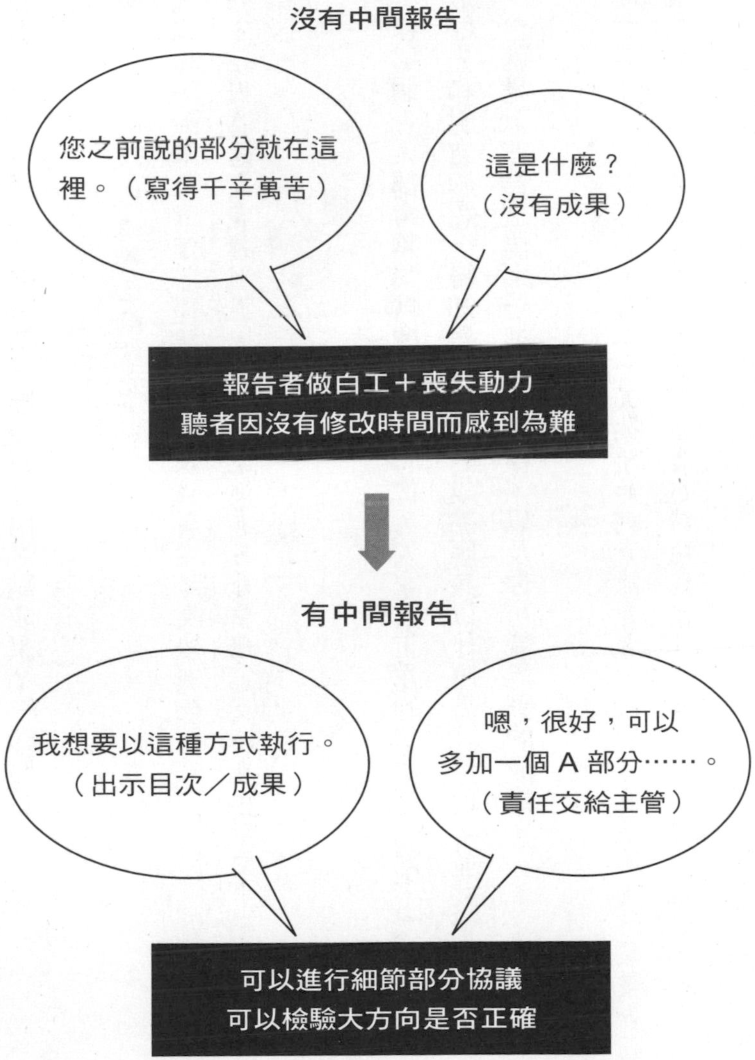
沒有中間報告
您之前說的部分就在這裡。（寫得千辛萬苦）
這是什麼？（沒有成果）
報告者做白工＋喪失動力
聽者因沒有修改時間而感到為難
有中間報告
我想要以這種方式執行。（出示目次／成果）
嗯，很好，可以多加一個 A 部分……。（責任交給主管）
可以進行細節部分協議
可以檢驗大方向是否正確

要這樣執行？」、「我說你啊，為什麼沒有拿出半點成果？」等反饋。

「咦？成果嗎？那個都已經做完了耶？」

「我說你，如果做好了，那就應該整理成提案書交給我啊！」

「啊……因為您沒有特別提，所以我就沒有另外整理，反而直接做完……」

「……」

尤其在這個人人都會頻繁轉換職場的時代，大家對工作的基本認知都不太一樣，因此，最好先和對方確認，得知對方想要的成品應該以什麼方式呈現，並共享「成品清單」，也就是對方對這個案子抱持的目標，以及你可能得到的成果。

「這個案子，我打算於一月二十五號開始調查消費者，一個月後整理成結果報告書與一頁摘要，共兩份文件，再來向您報告，請問這樣可以嗎？」

圖表 4-16　主管與部屬對於成果有共識

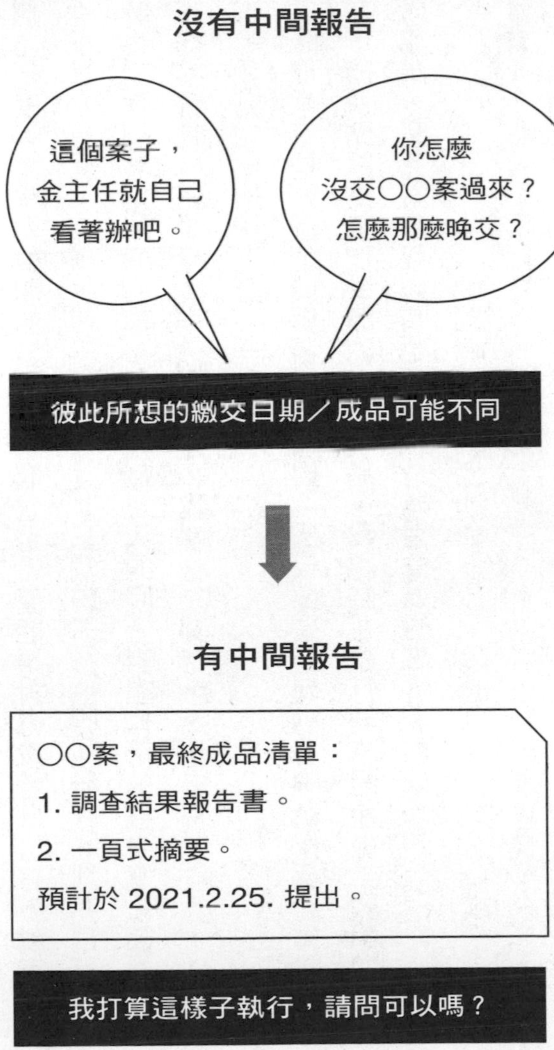
沒有中間報告
這個案子，金主任就自己看著辦吧。
你怎麼沒交〇〇案過來？怎麼那麼晚交？
彼此所想的繳交日期／成品可能不同
有中間報告
〇〇案，最終成品清單：
1. 調查結果報告書。
2. 一頁式摘要。
預計於 2021.2.25. 提出。
我打算這樣子執行，請問可以嗎？

我在外面講課時，常聽到許多公司主管說：「下面的員工都不會做中間報告，等到最後交給我看，才發現他們做的根本就是完全不同的東西，快把我搞瘋了。」

我們為什麼不太常做中間報告呢？可能就是希望能讓對方看看自己有多厲害吧！

我之前就是這樣，現在在寫這段文章時，我還是對當時的組長感到非常不好意思，同時也對他抱著感謝的心。當年還是個新人的我，對工作上的很多業務都沒有概念，在寫提案書時，只要組長一來到身後，我就會立刻用手遮住螢幕，並說：「請您不要看！等我寫完再給您過目。」

我當時似乎不是一個善於溝通的上班族，比較像是一個寫著神祕作品的作家。現在呢？為了能快點結束工作、順利交出成品，我認為在執行業務的途中，做中間報告並和主管協議，藉此對照彼此腦中想法，是非常重要的事情。

「鏘鏘～！驚喜！」

「我就是這麼會做事！我很棒吧？」

只要放下想要展現自己的慾望，人生就會輕鬆許多。

其實，為了展現自己的能力，我真的這樣子做過，但結果並沒有展現出自己有多厲害，反而害主管苦笑著說：「這什麼東西啊？」

將方向調整成主管可以想像出來的畫面，也是一個辦法。例如，不要使用「這個、那個、這樣、那樣」這種指示詞，而是準確的以「〇〇的東西」或「像〇〇一樣」的方式，具體的表達。

具體表達　多用指示詞

- 我想整理成像上個月李主任發表的A專案提案書那樣，請問可以嗎？
- 我打算像上個月跟經理一起做的B專案發表一樣，整理成『顧問建議書』的形式，這樣對嗎？還是要我像C專案一樣，整理成一頁報告書給您呢？

如果不做中間報告，可能會導致工作開天窗等嚴重情況。主管期望在某個具體的時間點收到報告，正在計畫後續的工作了，但若往後推遲，可以修改的時間也就跟著消失，主管與整個團隊的行程都可能因此受到影響。

如果難以在約定時間內完成，至少可以透過中間報告，告知工作大約進行了多少。雖然這樣下去，很可能會超過約定時間，但這裡的重點在於徵求主管的建議，讓事情順利的發展下去。

此外，作為一個領導人，為了防止這種事情發生，也可以採用直接詢問和確認的做法。

中間報告 **直接詢問和確認**

- 所以你要做的事情有哪些？你打算怎麼進行？
- 好像要整理成○○才對哦。

也就是透過對話，和彼此確認成果的形式。

那麼，我們就把目前為止說過的長篇大論，簡單整理一下：

1. **結論（What）**：做中間報告。

2. **根據（Why）**：

①浪費報告者的勞動力（雖然已盡了全力，但成果不是主管想要的東西，浪費時間及勞動力，也使自己感到氣餒、打擊內心）。

②聽者的工作業務出差錯（雖然得到完全不同於期望的成品，卻沒有時間善後，工作出天窗，整個團隊的行程也跟著大亂）。

3. **要求（How）**：

必須做中間報告，對照彼此的藍圖，細項如下：

①針對目次及最終成品的型態（日程、成品型態）進行協議。

②禁止使用指示語，要具體（照「那樣」→「以○○專案的形式」）。

③中間成品報告（確認大方向及須加強部分）。

④預計會超過約定好的時間，就透過中間報告協議B計畫。

電子郵件寄出後，立刻傳簡訊

第二件想建議各位做的事情，就是發送電子郵件。說得簡單一點的話，就是協議好的內容，要透過電子郵件留下證據。

要是遇到對某一方不利的情況，即使本來口頭上已經講好了，對方仍有可能臨時改變自己的說法。寫著這一段文字的當下，我突然想起以前吃過這個虧的回憶，不禁有些哽咽。

為了防止這種情況發生，口頭上說好的事情，可以在電子郵件中這樣子複述：

「與您共享今日針對〇〇一案進行〇〇協議的結果……。」

雖然協議內容很簡略，仍然不能小看，請你還是先準確的記錄下來，並用電子郵件寄出。這樣一來，當對方不願認帳、說自己沒收到時，就可以說：「請您確認一下當初那封電子郵件。」

還有，建議各位在發送電子郵件後，傳一封簡訊給對方。尤其，如果你是第一次和某個人開會，或是在公司外開會，更應該這麼做。

「我寄了〇〇檔案給您，麻煩您確認一下，謝謝。」

這是為了確認郵件是否確實送到，並防止電子郵件地址出錯，或是明明已經寄出了，卻被系統當成垃圾郵件，甚至被寄到別人的信箱。

尤其，在你回到家、洗好澡，正看著美劇，享受著夜深人靜、全世界最幸福的一刻時，如果當時沒有預先確認對方收到郵件了沒，很可能就會蹦出一封「我還沒收到郵件耶？你寄了嗎？嗚嗚嗚」，這種打破氣氛、讓人感到難過的簡訊。

後記

沒有完美報告，只有最適報告

《聖經》（*Bible*）裡有這麼一段話：

所以，無論何事，
你們願意人怎樣待你們，
你們也要怎樣待人。

——《馬太福音》第七章第十二節

我們來交換立場想像一下。你現在非常疲倦，但坐在你前面的人明明說只要找你談一下，卻滔滔不絕的講了一、兩個小時，你會有什麼感覺？他明明說快結束了，卻又講了兩個小時，你心裡會怎麼想？肯定很火大吧？

所以，讓我們養成習慣，將自己想要說的話，統整成自己會想聽到的話吧！哪些是我們想聽到的話呢？

- 「先從結論說起，就是……」（能先從結論開始講，當然好囉！）
- 「簡單一句話來說就是……」（能用一句話來簡短說明，當然好呀！）
- 「有三個原因。第一……」（只要聽三個就好了。）
- 「我將會分成四個階段說明。第一……」（只要聽四個階段就好了。）

就像這樣，從自己想要聽到的話開始整理。希望我們都能訓練自己，學會明確的統整出重點，讓報告書變得更短，也進而縮短加班時間。

「人生四十才開始是真的，在這之前，你都只是在做你的研究。」

——瑞士心理學家、分析心理學創始者卡爾・榮格（Carl Jung）

人生四十才開始，在此之前，我們都只是在做研究，這一點我非常認同。因為我有實際授課的經驗，所以我能夠在現場親眼看見，人們因報告書而痛苦的模樣，因此，我很想告訴你們：「只要這麼做就行了！」讓你們能因此輕鬆一些。

然而，報告書這個領域並沒有所謂的正確解答，所以不可能要你們比照某個不變的定律來整理內容。或許，我們就像榮格所說的那樣，一邊做著研究、一邊辛苦的生活著，為了協助各位在人生路上的研究，我將自己在人生中經歷到、學習到的研究心得，盡可能的整理成重點並收錄於此書中。

閱讀本書時，你會發現，我在提出基本骨架之後，又舉出了各種不同的例子。你可能會想：「為什麼不簡單舉一個例子就好？為什麼要說這樣可以、那樣也可以？」然而，即使是基本骨架，還是有取向的不同，就像是說到韓式炸雞，有些人喜歡醬油口味，有些人則喜歡原味一樣。

因此，雖然可以拿這本書的內容作為基礎，但最終還是請你配合你的決策者執行作業，因為，將對你的報告做出最後決策的人，並不是我，而是他。

我曾和先生討論過這本書的內容，在某些報告書上，我先生較重視結論，我則比較重視問題。

倒金字塔（按：將最重要的內容放在最前面，並依重要性遞減，安排內容順序的寫作方法，如倒立的金字塔，上面大而重，下面小而輕）思維較強的先生，認為即使刪減掉下面所有內容，也要將最核心的部分留在上面，他相信寫作的順序，應該是從重要的結論寫至不重要的結論。我非常同意這個論點，因此，大致上也都遵從這個想法進行。

但是，每份報告書的情況不同，所以我認為，**先讓對方接受問題比較重要**。若你遇到的像我先生這樣的決策者，那就一定要從結論開始寫；但若遇到像我這樣的主管，雖然大多的報告書一樣可以先講結論，但某些報告書則必須先提到問題（這樣寫出來一看，我好像更挑剔）。

有時候，甚至還會遇到不能先說結論的狀況。雖然這不是報告的情況，但我們可以用「法庭審判」來舉例。在一場審判中，雖然很常以演繹的方式來做出判決，但如果是死刑，大多都是最後才會做出結論。

無論是在公司還是日常生活中，傳達冷靜而悲傷的結論時，至少不要面帶笑容，像在潑冷水似的急忙的把話講完；你應該先讓對方聽前面的部分，推測出結論，同時讓他做好心理準備。

在說話時展現體貼的一面也非常重要，雖然明確的先寫出結論確實有很多好處，但最重要的核心還是——答案在對方身上。

若各位為了讀這本書，脖子也不小心變得跟烏龜一樣，那麼，現在是你們該變回人類的時間了！請伸個懶腰，伸展一下腰部和肩膀，好好守護你們珍貴的健康，還有，希望各位能好好磨練本書中提到的報告基本功，讓你的工作變得更輕鬆。

致謝

「起初，神創造天地。」——《創世紀》第一章第一節

感謝上帝，在我每天更為自己感到羞愧的人生中，成為我每個早晨的第一位聆聽者，也是最棒的聆聽者。感謝我可敬的先生，每天都悉心傾聽著我的報告，並和我一起禱告。感謝每天總是以溫暖鼓勵來陪伴我的家人、教友和朋友們。感謝正在牙牙學語的女兒，讓我成為一位快樂的聆聽者。

感謝曾和我一起在前公司——Paul&Mark 諮商顧問公司和第一企劃工作的前輩和同事們，謝謝你們總是不吝指教。還想感謝每天不斷激勵著我、讓我成長的讀者，以及那些在課堂上遇到的教育負責人及學員，謝謝你們。我會繼續默默研究更多能夠幫助各位的內容，並持續寫作、授課作為回報。謝謝你們，因為有你們，我才能擁有現在的生活。

Biz 385

最強的一頁報告

不知道寫作技巧而加班苦思？
專為你寫的入門書，三星、LG、樂天企業都採用。

作　　者／朴信榮
譯　　者／賴毓棻
責任編輯／李芊芊
校對編輯／黃凱琪
美術編輯／林彥君
副總編輯／顏惠君
總 編 輯／吳依瑋
發 行 人／徐仲秋
會計助理／李秀娟
會　　計／許鳳雪
版權專員／劉宗德
版權經理／郝麗珍
行銷企劃／徐千晴
業務助理／李秀蕙
業務專員／馬絮盈、留婉茹
業務經理／林裕安
總 經 理／陳絜吾

國家圖書館出版品預行編目（CIP）資料

最強的一頁報告：不知道寫作技巧而加班苦思？專為你寫的入門書，三星、LG、樂天企業都採用。／朴信榮著；賴毓棻譯. -- 初版. -- 臺北市：大是文化有限公司，2022.02
336 面；14.8×21 公分. --（Biz；385）
譯自：한 장 보고서의 정석
ISBN 978-626-7041-60-4（平裝）

1. 企劃書

494.1　　110019818

出 版 者／大是文化有限公司
臺北市 100 衡陽路 7 號 8 樓
編輯部電話：（02）23757911
購書相關資訊請洽：（02）23757911 分機 122
24 小時讀者服務傳真：（02）23756999
讀者服務E-mail：haom@ms28.hinet.net
郵政劃撥帳號 19983366　戶名／大是文化有限公司

法律顧問／永然聯合法律事務所
香港發行／豐達出版發行有限公司 Rich Publishing & Distribut Ltd
地址：香港柴灣永泰道 70 號柴灣工業城第 2 期 1805 室
Unit 1805, Ph. 2, Chai Wan Ind City, 70 Wing Tai Rd, Chai Wan, Hong Kong
電話：21726513　傳真：21724355
E-mail：cary@subseasy.com.hk

封面設計／林雯瑛
內頁排版／顏麟驊
印　　刷／緯峰印刷股份有限公司

出版日期／2022 年 2 月初版
定　　價／新臺幣 400 元（缺頁或裝訂錯誤的書，請寄回更換）
I S B N／978-626-7041-60-4
電子書ISBN／9786267041932（PDF）
9786267041949（EPUB）